新能源汽车底盘技术

主编 王 军 崔 爽

北京理工大学出版社
BEIJING INSTITUTE OF TECHNOLOGY PRESS

内 容 简 介

中国汽车工业协会最新统计显示，我国新能源汽车产业处于快速发展阶段，截止到 2022 年，我国新能源汽车持续爆发式增长，新能源汽车产销连续 8 年保持全球第一，成为全球汽车产业领跑者。决定燃油汽车质量的"三大件"为发动机、变速器和底盘，然而，在新能源汽车领域，底盘技术依然是最有价值的配置之一。虽然新能源汽车底盘技术与燃油车框架结构相似，但部分机械结构区别较大，同时本教材突出新能源汽车底盘电控技术，并紧跟新能源汽车技术发展趋势，增加新能源智能汽车底盘线控技术相关内容。

教材的总体设计以新能源汽车底盘"原理和技术"为基础、"项目引领、任务驱动"为主线，"知识拓展"为延伸，选取典型工作任务，构建了教材的结构体系，教材内容共分 6 个项目，18 个典型工作任务。项目一主要介绍新能源汽车底盘技术的基本原理、历史与发展，项目二~项目五主要介绍新能源汽车底盘技术的应用与检修，项目六主要介绍新能源汽车底盘线控技术的应用与发展。通过这样的布局和设计，能够使读者全面而深入理解新能源汽车技术原理、应用与发展等问题。

本书对应位置设置二维码的形式插入动画、视频、微课等教学辅助资源，通过手机的终端设备"扫一扫"功能，即可实现播放、方便学生随时随地学习，为学生创设了立体化教学情境。本书可作为高等院校、高等院校等汽车类专业的教学用书，也可作为相关领域专业技术人员的参考用书及培训用书。

图书在版编目（CIP）数据

新能源汽车底盘技术 / 王军，崔爽主编. --北京 ：
北京理工大学出版社，2023.5
ISBN 978-7-5763-2409-9

Ⅰ. ①新…　Ⅱ. ①王…②崔…　Ⅲ. ①新能源-汽车
-底盘　Ⅳ. ①U463.1

中国国家版本馆 CIP 数据核字（2023）第 094590 号

出版发行 / 北京理工大学出版社有限责任公司
社　　　址 / 北京市海淀区中关村南大街 5 号
邮　　　编 / 100081
电　　　话 / （010）68914775（总编室）
　　　　　　（010）82562903（教材售后服务热线）
　　　　　　（010）68944723（其他图书服务热线）
网　　　址 / http：//www.bitpress.com.cn
经　　　销 / 全国各地新华书店
印　　　刷 / 河北盛世彩捷印刷有限公司
开　　　本 / 787 毫米×1092 毫米　1/16
印　　　张 / 13
字　　　数 / 290 千字
版　　　次 / 2023 年 5 月第 1 版　2023 年 5 月第 1 次印刷
定　　　价 / 89.00 元

责任编辑 / 张鑫星
文案编辑 / 张鑫星
责任校对 / 周瑞红
责任印制 / 李志强

编　委　会

前　言

　　二十大报告指出，我们要"推动战略性新兴产业融合集群发展，构建新一代信息技术、人工智能、生物技术、新能源、新材料、高端装备、绿色环保等一批新的增长引擎。"新能源产业已被列为国家新兴战略性产业之一，促进了新能源汽车产业的快速发展。中国汽车工业协会最新统计显示，截止到 2022 年，我国新能源汽车产销连续 8 年保持全球第一，成为全球汽车产业领跑者。决定燃油汽车质量的"三大件"为发动机、变速器和底盘，然而，在新能源汽车领域，底盘技术依然是最有价值的配置之一。虽然新能源汽车底盘技术与燃油车框架结构相似，但部分机械结构区别较大，同时本教材突出新能源汽车底盘电控技术，并紧跟新能源汽车技术发展趋势，增加新能源智能汽车底盘线控技术相关内容。

　　本教材开发以岗位能力为本，职业氛围浓厚、工作任务明确的一体化教学情境，采用"项目引领、任务驱动"的模式，运用现代信息技术手段和方法，结合混合教学模式，目的是使学生感兴趣、看得懂，主动参与教学互动，提升教学效果。对应位置设置二维码的形式插入动画、视频、微课等教学辅助资源，通过手机的终端设备"扫一扫"功能，即可实现播放、方便学生随时随地学习。

　　为贯彻落实党的二十大精神，本教材将教学内容、结构设计、数字化资源和思政元素相结合，以学生为中心，在"新能源汽车底盘技术"的教学过程中将"绿色、低碳发展、安全生产、创新精神、劳动精神、奋斗精神、奉献精神、工匠精神"等社会主义核心价值观相关的思政点融入每个工作任务的知识拓展内容中，将学习成才和健康成长相互融合统一，落实立德树人根本任务，培养德智体美劳全面发展的社会主义建设者和接班人。

　　因新能源汽车技术更新、发展速度快，编者水平和创新设计有限，书中难免存在不当之处，恳请读者朋友批评指正。在本书编写过程中，参考了大量国内外相关教材、汽车厂家技术资料及其他相关文献资料，在此向相关人员表示感谢！

编　者

目　录

二维码索引

项目一　新能源汽车基础知识

 项目描述

　　本项目介绍新能源汽车基础知识，从 1834 年第一辆电动汽车诞生，经过百年的曲折发展，新能源汽车已成为未来汽车的发展方向。传统汽车三大件，发动机和变速器已经在电动汽车上被革除，唯有底盘保留下来。底盘是汽车的关键构成部分，新能源汽车的底盘需要适应于车载能源的多样性、适用于高度集成的系统模块。为促进新能源汽车产业的发展，新能源汽车底盘设计在现代汽车的基础上进行优化，既要减少开发周期又要降低成本，实现量产。它与新能源汽车的总布置、新能源汽车动力系统架构及其集成度密切相关。该项目主要包括两个任务：

　　任务 1-1　新能源汽车整体认知

　　任务 1-2　新能源汽车底盘认知

任务 1-1　新能源汽车整体认知

学习目标

　　知识目标：了解新能源汽车的发展史。

　　　　　　　掌握新能源汽车的定义与类型。

　　能力目标：能向客户介绍新能源汽车与传统燃油车的不同点。

　　　　　　　能识别新能源汽车的常见标识。

素养目标：树立民族自信心和绿色、低碳发展理念；

培养沟通能力、责任意识和奋斗精神。

🎯 思政育人

通过拓展介绍新能源汽车发展史和国内主要新能源汽车厂家，激励学生热爱我国汽车工业，树立绿色、低碳发展新理念。

一、任务引入

新能源汽车技术专业的新生小明参观了汽车博物馆，他惊讶地发现原来新能源汽车比燃油汽车的历史还要久，现代新能源汽车上的常见标识有什么含义呢？

二、知识链接

1. 新能源汽车发展史

新能源汽车经历了近两个世纪的发展过程，从最初的纯电动汽车发展到今天多种类型的新能源汽车，成为全球未来汽车发展方向的共识，主要经历了以下四个阶段：

新能源汽车发展史

1）电动汽车的崛起与发展

（1）世界上第一辆电动车。

19世纪末—20世纪初，世界上第一辆电动车是由西博兰斯·斯特町在1834年发明的，这辆电动车所用的蓄电池是不可再充的。电磁感应原理在这辆电动车上的应用开启了新技术在电动车的应用之门。1881年法国工程师古斯塔夫·特鲁夫发明了世界上第一辆电动三轮车，这是一辆用铅酸电池为动力的三轮车，如图1-1-1所示。除了电动三轮车之外，加上乘员后的总质量达160 kg，时速仅12 km。这辆电动三轮车在巴黎举行的国际电器展览会上展出时，引起了不小的轰动。他发明电动三轮车的时间比卡尔·奔驰发明第一辆汽车早了整整五年。

图1-1-1　世界上第一辆电动三轮车

1884年，托马斯·帕克将电动车实现量产。之后，美国费城电车公司于1897年研制的纽约电动出租实现了电动车的商用化。20世纪初，安东尼电气、贝克、底特律电气、爱迪生、Studebaker和其他公司相继推出电动汽车，电动汽车的销量全面超越汽油动力汽车。电动汽车具有无气味、振动小、无噪声、不用换挡和价格低廉等一系列内燃机汽车所不具备的优势，据统计，截止到1890年，在全世界4 200辆汽车中，有38%为电动汽车，40%为蒸汽汽车，22%为内燃机汽车。因此，电动汽车在当时的汽车发展中一度处于领先地位。

（2）世界上第一辆四轮驱动电动车。

1899年，德国人波尔舍发明了一台轮毂电动机，以替代当时在汽车上普遍使用的链条传动。随后开发了Lohner-Porsche电动车，该车采用铅酸电池作为动力源，由前轮内的轮毂电动机直接驱动，这也是第一部以保时捷命名的汽车。随后，波尔舍在Lohner-Porsche的后轮上也装载两个轮毂电动机，由此诞生了世界上第一辆四轮驱动的电动车。

（3）世界上第一辆混合动力车。

混合动力历史悠久，很多人以为是丰田率先研发了这项技术。其实不然，1902年费迪南德·波尔舍在电动车上又加装了一台内燃机来发电驱动轮毂电动机，制作出了一款名为Lohner-Porsche Mixte Hybrid的电混合动力车型，全世界第一辆混合动力车便诞生了，它采用内燃机发电来驱动电动机，如图1-1-2所示。比利时的一家汽车制造商Pieper也在1900年推出了第一辆并联式混合动力电动汽车。而在1907年，法国的一家名为AL的汽车制造商同样设计生产出一款动力可达24 hp①的油电混合动力车型。因此，混合动力的起源是来自欧洲。

图1-1-2　世界上第一辆混合动力汽车

随着石油的大量开采和内燃机技术的不断提高，在1920年之后，电动汽车无法与快速进步的内燃机汽车竞争。汽车市场也逐步被内燃机驱动的汽车所取代。电动汽车逐渐退居到有轨电车、无轨电车以及高尔夫球场电瓶车、铲车电瓶车等领域。与电动汽车相关的包括电驱动、电池材料、动力电池组、电池管理等关键技术也进入了停滞状态。

---

①　马力，1 hp＝735 W。

2）电动汽车的发展和停滞

20世纪70年代，世界爆发石油危机，纯电动车再次受到重视。到2000年前，全球共销售电动汽车约6万辆，约占全球汽车保有量万分之一。尤其日本，由于其石油资源匮乏，受世界原油市场影响很大，加上人口密度大、城市污染重，因此日本政府特别重视电动汽车研发，促进了日本电动汽车的发展。但电池技术依然进步缓慢，电池寿命短、造价高，无法满足消费者需求，电动汽车发展受到压制。随石油供求矛盾逐步缓解，以日本小型车为代表的节能环保车快速普及。

3）电动汽车的复苏与突破

20世纪末，随着全球石油资源的日益减少、环境问题的日趋严重，在节能环保车辆的需求越来越迫切的大环境下，汽车尾气排放法规不断严苛，为电动汽车的发展提供新动力，世界主要的汽车生产商开始关注电动汽车的未来发展，并开始不断投入资金和技术。1990—2005年，新能源汽车的概念应运而生，新能源汽车的类型不断丰富起来。1990年1月，通用汽车公司向全球推出Impact纯电动轿车，1992年福特汽车公司推出了使用钙硫电池的Ecostar。之后，丰田汽车公司于1996年推出了使用镍氢电池的RAV4 EV，法国雷诺汽车公司于1996年推出了Clio。后来丰田汽车公司于1997年推出的普锐斯混合动力汽车（图1-1-3）和本田汽车公司于1999年发布、销售的混合动力Insight，如今已经成为新能源汽车中的畅销车型。电池技术仍未取得突破，制约纯电动汽车发展，但在混合动力汽车技术取得突破，成功走向市场。

4）电动汽车的复苏与创新

2005年至今，全球能源与环境形势为电动汽车的发展创造了前所未有的机遇。电池技术取得突破性进展。成立于2003年特斯拉汽车公司（Tesla Motors）生产的电动汽车：Tesla Roadster、Tesla Model S、Tesla Model 3、Tesla Model X等车型在汽车销售市场取得巨大成功。中国也在大力研发、销售纯电动汽车，如比亚迪汽车的比亚迪王朝系列（图1-1-4）和上汽乘用车公司的Marvel R纯电动汽车和汽车新势力蔚来、小鹏等。总之，随着电池、智能网联、大数据、云计算等技术发展，新能源汽车的未来无可限量。未来的新能源汽车将成为高能智慧体智能车，新能源汽车智能驾驶技术改变人们的出行方式。

图1-1-3　丰田普锐斯混合动力汽车

图1-1-4　比亚迪汉纯电动汽车

2. 新能源汽车定义

新能源汽车英文为"New energy vehicles"。依据我国2009年7月1日正式实施的《新能源汽车生产企业及产品准入管理规定》中指出，新能源汽车是指采用非常规的车用燃料（即除汽油发动机、柴油发动机之外）作为动力来源（或使用常规的车用燃料、采用新型车载动力装置），综合车辆的动力控制和驱动方面的先进技术，形成的技术原理先进、具有新技术、新结构的汽车。新能源汽车的定义因国家不同，其提法也不相同。

3. 新能源汽车分类

根据新能源汽车的定义，不同学者和专家对新能源汽车有不同的见解和解析，对新能源汽车有不同的分类。依据我国《新能源汽车生产企业及产品准入管理规定》，新能源汽车主要包括混合动力汽车（HEV）、纯电动汽车（BEV，包括太阳能汽车）、燃料电池汽车（FCEV）和其他新能源（如超级电容器、飞轮等高效储能器）汽车等。非常规的车用燃料指除汽油、柴油、天然气（NG）、液化石油气（LPG）、乙醇汽油（EG）、甲醇、二甲醚之外的燃料。

按动力来源分类，电动汽车主要包括纯电动汽车（BEV）、混合动力汽车（HEV）和燃料电池汽车（FCEV）三种类型。电动汽车的一个共同特点是汽车完全或部分由电力通过电机驱动，能够实现低排放或零排放。纯电动汽车是以车载电源为动力，用电机驱动车轮行驶，主要生产厂商有比亚迪、特斯拉和北汽等；混合动力电动汽车是由多于一种的能量转换器提供驱动动力的混合型电动汽车，目前混合动力电动汽车多采用传统燃料的燃油发动机与电力的混合方式，主要生产厂商有丰田、比亚迪和日产等；燃料电池电动汽车是利用燃料电池，将燃料中的化学能直接转化为电能实现动力驱动的新型汽车。目前，燃料电池汽车以其高效率和近零排放被普遍认为具有广阔的发展前景，在新能源汽车中占据重要地位。丰田、本田、奔驰、长安、东风、长城、红旗、广汽等公司都已经开发出可在公路上运行的燃料电池车型，如图1-1-5所示的丰田氢内燃机汽车，如图1-1-6所示的长安深蓝燃料电池汽车。

图1-1-5　丰田氢内燃机汽车　　　　　　图1-1-6　长安深蓝燃料电池汽车

4. 新能源汽车与内燃机汽车比较

电动汽车在外观与使用方式上几乎和普通汽车是相同的，并具有明显优势。环保无污染是电动汽车最突出的优点，电动汽车使用过程中不会产生废气，与内燃机汽车相比不存在大气污染的问题，混合动力汽车的废气对大气污染也比较小。除此之外，与内燃机汽车相比，电动汽车具有使用方便、噪声低、能源转换率高、结构简单、运转传动部件相较对少、无须更换机油、油泵、消声装置等，维修保养工作量少、经久耐用、成本低等优势。

以目前的新能源的技术水平，电动汽车也存在一些劣势。电动汽车技术迭代快，保值率低，由于现在新能源技术井喷式的更新迭代，续驶里程跟整体车辆技术每一年都有很大程度的更新，但对于新能源二手车来说却影响巨大，再加上二手车上的动力电池的衰减，新能源二手车的售价一般在五折；长途续驶能力不足，在乡村地区的充电桩的覆盖率相对较低，而且并不是所有的充电站都能正常使用，因此，这个因素导致电动车在长途旅行中容易出现续驶不足的情况。而传统汽车目前最大的优势就是续驶的保证，因为传统汽车使用汽油作为燃料，而现在加油站在全国的普及程度高。

5. 新能源汽车基本结构

新能源汽车是在内燃机汽车一些系统的基础上，改进了驱动汽车的动力，如采用了存储电能的动力蓄电池加电机，或者是继续保留内燃机，但通过增加一套电力驱动来优化内燃机燃烧的混合动力。依据内燃机汽车结构组成，新能源汽车主要由发动机/电动机、底盘、车身和电气设备四大部分组成。

6. 新能源汽车常见标识

1）外观标识

通常情况下，从外观上就能判断该新能源汽车是内燃机汽车、纯电动汽车或是混合动力汽车。新能源汽车标识一般在汽车尾部或汽车翼子板上，用于标识汽车类型和续驶里程等信息。如果是纯电动汽车，通常车辆上标识有 EV 等字样，如图 1-1-7 所示；如果是混合动力汽车，在汽车的尾部标识通常有 Hybrid 或 H 类字样；针对纯电动汽车和插电式混合动力汽车，需要通过外部充电的方式来获取电能，因此可以通过这个特征进行判别。例如，吉利汽车"EX"代表车型系列；"450"代表续驶里程；"EV"代表纯电动；"蓝色"代表新能源。

图 1-1-7　新能源汽车标识

2）车牌标识

根据国务院《节能与新能源汽车产业发展规划（2012—2020 年）》规定，能上新能源汽车号牌的主要包括纯电动汽车、插电式混合动力汽车和燃料电池汽车。

新能源汽车专用号牌分为小型新能源汽车专用号牌与大车新能源专用号牌，新能源汽车专用号牌的尺寸为 480 mm×140 mm，其中小型新能源汽车专用号牌为渐变绿色，大型新能源汽车专用号牌为黄绿双拼色，中文字（汉字）、数字和字母颜色为黑色；牌照号码为 6 位数；纯电动的车型用"D"，非纯电动的车型用"F"。表 1-1-1 所示为新能源汽车号牌样式。

表 1-1-1 新能源汽车号牌样式

车型	号牌样式	项目	说明
小型新能源汽车	蒙G·D12345 / 蒙G·F12345	尺寸	480 mm×140 mm
		底样	渐变绿色
		专用标志	
大型新能源汽车	蒙G 12345F / 蒙G 12345D	尺寸	480 mm×140 mm
		底样	黄绿双拼色
		专用标志	

（1）增设专用标志。新能源汽车号牌增加专用标志，标志整体以绿色为底色，寓意电动、新能源，绿色圆圈中右侧为电插头图案，左侧彩色部分与英文字母"E"（electric）相似。

（2）号牌号码升位。与普通汽车号牌相比，新能源汽车专用号牌号码增加了 1 位，如原"蒙 B·D1234"升位至"蒙 B·D12345"。升位后，号码编排更加科学合理，避免了与普通汽车号牌重号，有利于在车辆高速行驶时更准确辨识。

（3）改进制作工艺。新能源汽车专用号牌采用无污染的烫印制作方式，制作工艺绿色环保。同时，使用二维条码、防伪底纹暗记、激光图案等防伪技术，提高了防伪性能。

3）车辆铭牌标识

车辆铭牌置于车辆前部易于观察的地方，一般位于前机舱盖下面和副驾驶 B 柱上。车辆铭牌是标明车辆基本特征的标牌。纯电动汽车铭牌主要包括车辆品牌、整车型号、驱动电机型号、驱动电机峰值功率、动力电池系统额定电压、动力电池系统额定容量、最大允许总质量、乘坐人数、车辆识别代码、制造年月、制造国及厂名等，如图 1-1-8 所示。

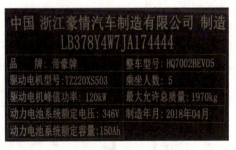

图 1-1-8 吉利帝豪 EV450 车辆铭牌

混合动力电动汽车铭牌除标注纯电动汽车铭牌的内容外，还要标注发动机型号、发动机最大净功率、发动机排量等。

4）车辆识别代码

新能源汽车车辆识别代码位置一般在前风窗玻璃的右下角；车辆右侧 B 柱下端的铭牌上；门铰链柱、门锁柱上；机动车行驶证的车架号栏中等。车辆识别代码由 3 部分组成，第

1 部分是世界制造厂识别代号（WMI）；第 2 部分是车辆说明部分代号（VDS）；第 3 部分是车辆指示部分（VIS），如图 1-1-9 所示。

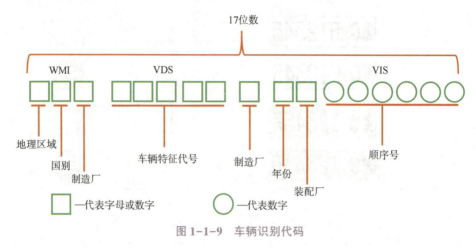

图 1-1-9　车辆识别代码

第 1 部分世界制造厂识别代号（WMI）按照 GB 16737—2019 规定，由 3 位数字或字母组成，该代号必须经过申请、批准和备案后方能使用。第 2 部分车辆说明部分代号（VDS）按 GB 16737—2019 规定，由 6 位数组成，可以充分反映一种车辆类型的基本特征，新能源汽车的 VDS 码目前是非强制要求。

7. 新能源号牌编码规则

新能源汽车专用号牌的编码规则是省份简称（1 位汉字）+ 发牌机关代号（1 位字母）+ 序号（6 位）。小型新能源汽车专用号牌的第一位先启用字母 D、F（D 代表纯电动新能源汽车，F 代表非纯电动新能源汽车），第二位可以使用字母或者数字，后四位必须使用数字，如图 1-1-10 所示。大型新能源汽车专用号牌的第六位先启用字母 D、F（D 代表纯电动新

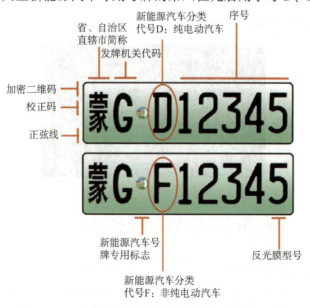

图 1-1-10　小型新能源汽车专用号牌牌面布局示意图

能源汽车，F 代表非纯电动新能源汽车），前五位必须使用数字，如图 1-1-11 所示。如内蒙古自治区一辆小型纯电动汽车号牌可编排为"蒙 G·D12345"，大型纯电动汽车号牌可编排为"蒙 G·12345D"。序号中英文字母 I 和 O 不能使用。

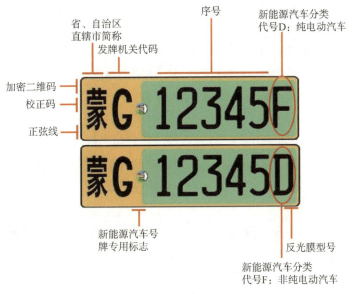

图 1-1-11 大型新能源汽车专用号牌牌面布局示意图

三、任务实施

1. 实施准备

新能源汽车整体认知需要的具体材料如下：

（1）学材、教材：新能源汽车底盘技术学材、维修手册。

（2）实训设备：新能源车辆、台架、举升机；车内外三件套、绝缘防护装备。

实训前提示安全注意事项：注意人身安全，防止机件碰伤身体。

2. 实施内容

（1）外观标识读取。

①观察车辆，查找新能源汽车标识。

②外观标识读取。

（2）车牌标识读取。

①观察车辆，查找新能源汽车车牌。

②车牌标识读取。

（3）车辆铭牌识读。

①观察车辆，查找车辆铭牌，读取基本信息。

②外观标识读取。

（4）复位工作。

（5）总结新能源汽车基础知识要点，完成实训工单并上交。

四、思考与练习

1. 选择题

（1）世界上第一辆以电池为动力的电动汽车是由（　　）打造的。

A. 戴姆勒　　　　　B. 安德森　　　　　C. 加斯东　　　　　D. 凯特林

（2）以下汽车，不属于电动汽车的是（　　）。

A. 混合动力汽车　　B. 纯电动汽车　　　C. 燃料电池汽车　　D. 乙醇汽车

（3）混合动力汽车的英文缩写是什么？（　　）

A. BEV　　　　　　B. HEV　　　　　　C. FCEV　　　　　D. 以上都不对

（4）（多选题）与燃油汽车相比，电动汽车的优势包括（　　）。

A. 电动汽车能量转化效率高　　　　　　B. 电动汽车终端无污染

C. 符合未来能源发展　　　　　　　　　D. 续驶里程长

2. 判断题

（1）纯电动汽车具有本身零排放、能量利用率高、结构简单、工作噪声小、电池寿命长、电池成本低等优点。　　　　　　　　　　　　　　　　　　　　　（　　）

（2）新能源汽车一般可分为纯电动汽车（含太阳能汽车）、燃料电池汽车、混合动力汽车、氢能源动力汽车、其他新能源（如超级电容器、飞轮等高效储能器）汽车等。（　　）

五、知识拓展

国内主要新能源汽车生产厂商

在自主品牌新能源汽车销量快速增长的过程中，比亚迪、吉利、上汽、奇瑞等传统车企已成为重要的推动力量，而以蔚来、理想、小鹏等为代表的造车新势力也逐渐成为市场的重要支撑，如图1-1-12所示。2021年，拥有强大互联网基因的百度、小米进入造车领域，汽车领域的企业成分更加丰富多彩，我国新能源汽车产业正在蓬勃发展。

如图 1-1-12　国内主要新能源汽车生产厂商

（a）一汽集团；（b）上汽集团；（c）东风集团；（d）长安集团；（e）比亚迪汽车；（f）北汽新能源；（g）吉利汽车；（h）理想汽车；（i）蔚来汽车；（j）小鹏汽车

1. 一汽集团

中国第一汽车集团有限公司（简称一汽集团），前身是1953年成立的中国第一汽车制造厂，总部位于吉林省长春市，是中国汽车行业中最具实力的汽车公司之一。一汽集团直接运营红旗品牌，并拥有自主品牌一汽解放、一汽奔腾等品牌。"红旗""解放"品牌价值在国内自主轿车和自主商用车中始终保持第一。"红旗"L系列成为国家重大活动指定用车，彰显了国车风范。H系列在细分市场增长迅速。"解放"中重型卡车市场份额保持行业第一。"奔腾"是中国主流汽车市场的中高端品牌。新能源汽车已经量产，红旗E-HS3、奔腾E01和红旗E-HS9等纯电动车型已投放市场。一汽新能源汽车代表车型：奔腾B30EV、奔腾X80 EV、红旗H7 PHEV等。

2. 上汽集团

上海汽车集团股份有限公司（简称上汽集团）拥有全球最完整的新能源产品型谱，包括插电混动车、纯电动车和氢燃料车型。旗下达到20个品牌，覆盖全品类mini汽车、轿车、SUV、MPV、面包车、轻型卡车、重卡等，是中国汽车品类覆盖最全面的整车制造商。上汽集团所属主要整车企业包括乘用车分公司、上汽大通、智己汽车、飞凡汽车、上海大众、上海通用、上汽通用五菱、南京依维柯、上汽红岩、上海申沃等。上汽集团具有多款新能源产品，其中包括：全球首款燃料电池MPV大通EUNIQ7、名爵MG6 PHEV、上汽大众途观L插电式混合动力版及帕萨特插电式混合动力版、微蓝7纯电、微蓝6插电混动、雪佛兰畅巡、新宝骏小Biu智慧汽车等。2020年荣威Ei5年销量在10万辆左右。五菱宏光MINI EV续驶120 km，以不到4万的价格，连续三个月成为新能源销量冠军。2022年智己汽车首款中大型豪华SUV-智己LS7正式开启全国预售。

3. 东风集团

东风汽车公司是中国四大汽车集团之一，前身是始建于1969年的第二汽车制造厂，总部设在湖北省武汉市。在国内汽车细分市场，中重卡、SUV、中客排名第一位，轻卡、轻客排名第二位，轿车排名第三位。公司已研制开发纯电动公交、混合动力客车、电动物流运输车3大系列7个品种的新能源客车产品，并已在唐山、襄阳等城市示范运行。东风汽车集团成立高端新能源乘用车品牌——岚图汽车。其中，"岚"代表纯净自然，"图"代表美好生活蓝图。岚图汽车未来将专注于高端新能源乘用车领域，首款车型2021年投产。东风汽车多款新能源产品包括：岚图FREE、岚图梦想家、东风风神E70、东风EV新能源纳米BOX、东风风行菱智M5 EV、东风风行S50 EV等。

4. 长安集团

中国长安汽车集团有限公司（简称中国长安），原名中国南方工业汽车股份有限公司。长安汽车是中国汽车四大集团阵营企业，领跑中国品牌汽车，推出了CS系列、逸动系列、睿骋系列等一系列经典产品。"香格里拉"计划是长安汽车的重中之重，打造三大新能源车专用平台，到2025年将累计推出25款智能化新能源汽车，覆盖EV、PHEV、FCV领域。计划到2025年，新能源汽车销量占比超过25%。长安首款纯电动汽车奔奔MINI纯电动轿车试生产下线，轿车有奔奔Estar、奔奔EV、逸动新能源和逸动

ET，SUV 有长安 CS15EV、E-Pro、CS75 新能源和 E-Rock。

5. 比亚迪汽车

比亚迪股份有限公司（简称"比亚迪"）成立于 1995 年，总部位于广东省深圳市。作为国内新能源汽车的标志性龙头企业，比亚迪始终走在国内新能源汽车领域的最前沿。业务横跨汽车、轨道交通、新能源和电子四大产业。比亚迪在上海、西安、深圳等城市建设有自己的汽车研发、生产、组装中心，独立研发新能源汽车所具备的锂电池等动力电池组。国际方面，比亚迪纯电动大巴已经踏遍亚洲，远销欧美。目前，比亚迪旗下有比亚迪秦、唐、元、宋、e5、汉 EV 等一系列的新能源汽车车型，能够满足于不同人群的汽车需求。2022 年，比亚迪在深圳正式公布旗下高端汽车品牌，并定名为仰望。

6. 北汽新能源

北汽新能源（北京新能源汽车股份有限公司），成立于 2009 年，是世界 500 强企业北汽集团旗下的新能源公司，是国内纯电动乘用车产业规模最大、产业链最完整、市场销量最大、用户覆盖面最广、品牌影响力最大的企业，已经推出 EH、EU、EX、EV、EC 五大系列车型 10 余款纯电动乘用车，成为中国新能源市场上产品谱系最长的新能源车企。经过多年的发展积累，北汽新能源已掌握整车系统集成与匹配、整车控制系统、电驱动系统三大关键核心技术，旗下 EU5、EX360、EC200、EC180、EU260、EX260、EV160、EH300、物流车等多款产品已投入市场或示范运营。

7. 吉利汽车

吉利汽车是吉利汽车集团旗下品牌。吉利汽车集团有限公司隶属于浙江吉利控股集团，总部位于中国浙江杭州。吉利新能源动力系统"智擎"，涵盖纯电技术、混动技术、替代燃料以及氢燃料电池等四大技术路径。智擎纯电技术上，吉利已经实现三电技术的自主化。2020 年，吉利有帝豪 EV、帝豪 GS 纯电动等数款车型投放市场，续驶里程达到 500 km。智擎混动技术上，智擎·MHEV 轻混技术已经实现节油率 15%，2020 年提升到 25%，智擎·PHEV 插电混动技术凭借吉利自主研发的 P2.5 架构，实现了 97% 的行业最高传动效率，未来将实现 30% 的动力提升与 50% 节油率。氢燃料电池技术方面，目前已经完成 4 款甲醇动力、14 款甲醇轿车，获得近百项专利，预计将于 2025 年推出采用氢燃料电池的量产车型。目前吉利新能源轿车车型有：博瑞 GE 新能源和帝豪新能源，SUV 车型有：帝豪 GSe，MPV 车型：嘉际新能源。

8. 理想汽车

理想汽车是中国新能源汽车制造商，设计、研发、制造和销售豪华智能电动汽车。理想于 2015 年创立，总部位于北京。2018 年首款及目前唯一一款商业化的增程式电动汽车车型——理想 ONE 是一款六座中大型豪华电动 SUV（运动型多用途汽车）。2020 年理想 ONE 取得中国新能源 SUV 市场销量冠军。2022 年理想汽车正式发布家庭智能旗舰 SUV 理想 L9，产品更新主要围绕着增程和纯电新能源汽车。字母代表车系的平台，数字代表车型的尺寸级别，L 即代表增程电动平台的 SUV 系列：理想 L9—家庭智能旗舰六座 SUV、L8—家庭智能豪华六座 SUV、L7—家庭智能旗舰五座 SUV、L6—家庭智能豪华五座 SUV。理想汽车正在研发 400 kW 超快充技术，在 2023 年推出纯电动车型，搭建必要的超快充基础设施，满足用户在高速、一些密集区快速补能需求。

9. 蔚来汽车

蔚来汽车成立于 2014 年，中国总部设在上海国际汽车城的汽车·创新港，由李斌发起创立，是全球化的智能电动汽车品牌，代表国产高端电动汽车参与全球竞争。旗下主要产品包括蔚来 EC6、蔚来 EC7、蔚来 ES6、蔚来 ES7、蔚来 ES8、蔚来 ES6、蔚来 EP9、蔚来 EVE、蔚来 ET5、蔚来 ET7 等。蔚来致力打造高性能的智能电动汽车。2018 年蔚来汽车在美国纽交所成功上市。

10. 小鹏汽车

小鹏汽车成立于 2014 年，由三位联合创始人何小鹏、夏珩、何涛共同创立，总部位于广州，中国领先的智能电动汽车公司。2017 年小鹏汽车首款量产车型正式下线，在互联网造车行业中率先实现量产。小鹏汽车是中国互联网造车新势力中，首家产品取得国家工信部产品公告并率先实现量产的互联网汽车公司。小鹏汽车专注于针对一线城市年轻人的互联网电动汽车的研发，第一款量产车的目标是一辆时尚、跨界的电动 SUV G3。旗下主要产品包括小鹏 P5、P7、G9 等。

发展新能源汽车不仅是我国从汽车大国迈向汽车强国的必由之路，而且是应对气候变化、推动绿色发展的战略举措，我国新能源汽车产业正处在高质量发展阶段。

任务1-2 新能源汽车底盘认知

学习目标

知识目标：掌握新能源汽车底盘的组成。

了解新能源汽车底盘先进技术。

能力目标：能向客户介绍新能源汽车与内燃机汽车底盘的区别。

能识别新能源汽车底盘组成部件。

素养目标：树立绿色、低碳理念和安全生产意识。

培养奋斗精神和创新精神。

思政育人

通过拓展学习比亚迪汽车电池车身一体化 CTB 技术，使学生了解行业的发展状况，坚信实践没有止境，理论创新也没有止境的社会主义核心价值观。

一、任务引入

小王是一名新能源汽车专业学生，正在某品牌汽车 4S 店实习，客户想要了解一款新能源汽车底盘结构，你能代替小王向客户介绍吗？

二、知识链接

1. 新能源汽车底盘的作用

汽车底盘的作用是支承、安装汽车发动机/电动机及其他各部件、总成，形成车辆整体造型，并接受发动机/电动机的动力，保证车辆正常行驶。在传统意义上汽车底盘系统影响着整车的舒适性、操控性与安全性，而对于新能源汽车性能而言，它的影响更加深远。新能源汽车无须内燃机汽车具有的离合器、变速器、传动轴等复杂的机械传动系统结构，由于电机结构紧凑的特性可以灵活布置。

新能源汽车底盘

2. 新能源汽车底盘与内燃机汽车底盘的区别

新能源汽车底盘与内燃机汽车底盘有很大区别，如表 1-2-1 所示。第一，车身设计自由度更大，现在的底盘越来越趋于平面化，空气流动性好。车身与它分离，所以车身的设计自由度变大。第二，内部空间增加。采用整体化设计，电气化设计越来越高，可以减少一部分零部件，进而可以减少底盘的空间，增大内部空间。第三，电池包固定在底盘下部，质量、轴心都很低，这也增加了整车的操作性。第四，由于系统化设计程度越来越高，产品越来越少，制作、维护也大大简化。

表 1-2-1　新能源汽车和内燃机汽车的底盘对比

类型	设计自由度	内部空间	质量、轴心	系统化程度
新能源汽车	高	大	低	高
内燃机汽车	低	小	高	低

3. 新能源汽车底盘的组成

电动汽车的底盘是整个车身的载体，起到支撑车身总成及零部件，形成车身整体，并具有动力传递、能量回收等作用。沿用传统燃油汽车底盘结构划分方式，新能源汽车底盘由传动系统、行驶系统、转向系统和制动系统四个子系统组成，如图 1-2-1 所示。

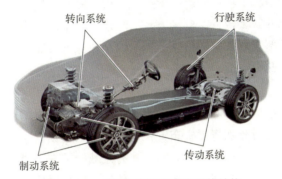

图 1-2-1　电动汽车汽车底盘总体结构

1）传动系统

传动系统的基本作用是将发动机或电动机的动力按要求传递到驱动车轮上，使地面对驱动轮产生驱动力，汽车能够在起步、变速及爬坡等工况下正常行驶，并具有良好的动力性和经济性。由于电动机具有良好的牵引特性，因此纯电动汽车的传动系统可以不需要离合器和变速器。车速控制由控制器通过调速系统改变的转速来实现。传动系统的组成因驱动形式和发动机/电动机安装位置而异。

2）行驶系统

行驶系统将全车各总成及部件连成一个整体，支撑汽车的总质量，承受并传递路面作用于车轮上的各种力及其力矩，缓和不平路面对车身造成的冲击和振动，保证汽车平稳行驶。新能源行驶系统与内燃机汽车类似，主要由车架、车桥、车轮和悬架等组成。

3）转向系统

转向系统的作用是按照驾驶员的意愿改变汽车的行驶方向和保持汽车稳定的直线行驶。在汽车转向行驶时，转向系统要保证各转向轮之间有协调的转角关系。新能源汽车转向系统一般由转向操纵机构、转向器和转向传动机构组成。驾驶员通过转动转向盘，转向盘便带动转向器的转向传动装置，然后转向传动机构带动前轮偏转，控制汽车行驶方向。转向系统的形式有多种，但均由上述三个部分组成，不同之处在于转向系统使用的动力能源不同以及转向器的形式不同。纯电动汽车的转向系统多采用电动转向助力装置。

4）制动系统

制动系统的作用是使行驶中的汽车按照驾驶员的要求进行强制减速甚至停车，使已停驶的汽车在各种道路条件下（包括在坡道上）稳定驻车，使下坡行驶的汽车速度保持稳定。制动系统是安全行车的重要保证。新能源汽车制动系统与传统汽车制动系统的区别不大，制动系统由行车制动和驻车制动两部分构成。主要不同是新能源汽车在传统汽车液压制动系统基础上增加了电动真空助力系统，以及采用制动能量回收模式。新能源汽车制动系统主要由制动器、制动压力调节装置、ABS（制动防抱死系统）、电动真空助力系统等组成。

4. 新能源汽车底盘的发展趋势

底盘作为汽车的一个重要组成部分，其工作性能的好坏直接影响汽车行驶的动力性、经济性、平顺性、操纵稳定性以及安全可靠性。新能源汽车的底盘需要适应于车载能源的多样性、适用于高度集成的系统模块，同时不限制汽车内部空间与外部造型的设计。其结构和性能特点随车型、发动机的安装位置、驱动方式、用途等的不同而不同。新能源汽车底盘设计是以传统底盘为基础重新规划系统进行的，同时提高底盘的可靠性及实用性。新能源汽车底盘发展趋势主要有以下几个方面：

（1）底盘结构简化。

由于传统汽车底盘结构不可应用在电动汽车中，因而需要重新设计电动汽车的底盘。可取消离合器及变速器，其后分别将电机布置在前后轴。电机提供动力，经传动轴传递至主减速器。采用上述方案后提高了动力传递效率，并有效减轻了汽车质量，另外，前后电机设置有利于均匀分配动力，继而充分利用空间。但与传统内燃机对比，电机控制难度更复杂。

（2）电池组布置合理化。

新能源汽车为保证续驶里程，电池质量高达 0.9 t。因此需尽量在底盘上布置电池组，并结合车内空间、座椅摆放及安全性等影响因素，采用合理的底盘布置，使驾驶员的驾驶体验得到优化。

（3）底盘轻量化。

汽车底盘在未来的发展方向之一便是汽车轻量化，在新能源汽车总质量中，电池的质量高达 30%，车身与配件占 70%，因此底盘轻量化有助于提高汽车的性能和能源效率。对于轻质合金材料和高强度钢的需求量在未来将会大大增加；底盘上对于铝合金的运用也会越来越多；镁合金的需求量也呈增长的态势。同时，还要不断研究一些新型设计来满足汽车零部件质量轻的需求。

（4）底盘电子化。

目前，随着各种汽车电子辅助功能在底盘上的应用，明显提高了汽车的主动安全性和驾驶舒适性，这些系统包括 ABS/ASR/ESP 集成控制系统、自适应巡航控制系统（ACC）、泊车辅助系统（PLA）、车道偏离和驾驶员警示系统、胎压监测系统（TPMS）、可调阻尼控制系统（ADC）等。底盘电子控制系统越来越向电子化、智能化、网络化、共享化方向发展。

（5）底盘环保化。

随着对环保要求的不断提高，对于汽车底盘，目前，世界各大汽车公司正在集中开发环境友好的零件，如低滚动阻力轮胎、绿色轮胎、不含铅的车轮平衡块、不含六阶铬的新零件涂层技术、电动转向系统等，底盘技术正朝着绿色、循环、低碳发展的方向推进。

5. 新能源汽车底盘的先进技术

滑板式底盘是专门为电动汽车设计的一体化底盘架构，把电池、驱动系统、悬架等核心部件整合集成在底盘上。将底盘模块化、标准化，可以在同一个底盘上搭配不同类型的车身。滑板式底盘集成了非承载式车身、电池/车身一体化和全线控技术三方面技术：

（1）非承载式车身。

由于非承载式车身汽车底盘具有大梁，可形成较大的框架，具备一定的承重能力，可将动力系统全部置于汽车底盘的框架中。因此，汽车部件可采用整体规划和集中布置，不仅可降低总体布置的难度，还能使车身的重心降低、质量减轻。

（2）电池/车身一体化。

传统的电池包集成方式是由电芯组成模组，再由模组构成电池包，最后将电池包安装到车身地板上。目前新的研究方向是将电芯直接集成到车身上，从而能够最大限度地提升空间利用率，可在相同的空间内布置更多的电池，提升电池电量，达到增加续驶里程的目的。CTC（Cell to Chassis）电池集成方案是直接将电芯集成在地板框架内部，将地板上下板作为电池壳体，使用地板的上下板代替电池壳体和盖板，与车身地板和底盘一体化设计。

（3）全线控技术。

全线控技术是滑板底盘技术的基础，通过在底盘上集成整车动力、制动、转向、热管理及三电系统，实现独立的底盘系统，达到上下车体分离，从而可适应多种动力总成和多级别车型，具备高拓展性、高通用率等优势，可提高车型开发效率，并有效降低开发成本。

最初滑板底盘的概念是由通用汽车提出的。2002年北美国际车展，通用汽车发布了一台叫"AUTOnomy 自主魔力"的氢燃料电池概念车，如图 1-2-2 所示。同时推出了"滑板底盘"的概念，如图 1-2-3 所示。电动汽车"AUTOnomy"的"滑板底盘"不同于传统燃油车底盘，它的车身与底盘分开，底盘与动力系统集成在一个 6 in① 厚的滑板形底盘上。车上没有离合器，没有转向盘，也没有仪表板，车辆总体重心得到降低，最大限度增加了车内空间。驱动系统和控制系统都设计在底盘上，采用了线控技术，使车辆操控系统、制动系统和其他车载系统都通过电子控制而非传统机械方式来实现，其车身仅为单纯的可替换外壳，车身与底盘仅通过软件接口连接，全面实现了底盘的"电动化"，大大提升了车辆底盘的集成度和平整度。

图 1-2-2 通用"AUTOnomy"概念车

---

① 英寸，1 in = 25.4 mm。

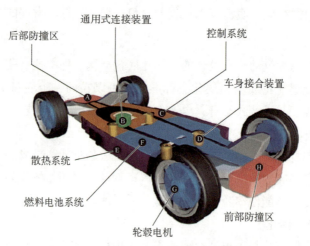

后部防撞区　　通用式连接装置　　　　控制系统

车身接合装置

散热系统

燃料电池系统

前部防撞区

轮毂电机

图1-2-3　通用"AUTOnomy"滑板底盘

美国新能源汽车公司 Rivian，被称为"第二特斯拉"，是一家美国电动汽车初创公司，2009 年创立。Rivian 的核心技术就是"滑板底盘"，2021 年电动皮卡 R1T、电动 SUV R1S 相继发布，让滑板底盘进入主流视线，也引发全产业链的企业关注该项技术。

滑板底盘采用一体化设计理念，具有集成度高、零部件少等优点，制造工艺与装卸工艺的复杂性也有大幅度降低。目前，线控技术并不完全成熟。传统车企、造车新势力对滑板底盘的认知和需求是不同的，还没有到大规模商业化的阶段。

三、任务实施

1. 实施准备

新能源汽车底盘认知需要的具体材料如下：

（1）学材、教材：新能源汽车底盘技术学材、维修手册。

（2）实训设备：新能源汽车、台架、举升机；车内外三件套、绝缘防护装备。

实训前提示安全注意事项：注意人身安全，防止机件碰伤身体。

2. 实施内容

（1）车辆铭牌识读。

①观察车辆，查找车辆铭牌。

②外观标识读取。

（2）打开车辆前机舱，标识车辆前机舱高压部件。

车辆防护。安装车轮挡块、车内外三件套，确认换挡杆置于空挡，驻车制动器操纵杆拉起。打开前机舱盖，安装车外三件套。

（3）举升车辆，拆卸车辆下护板，标识车辆底部的高压部件。

举升车辆时，注意车辆底盘的 4 个专用举升支点。为保证车辆平衡，需注意 4 个举升臂绝缘基脚的高度是否一致。

（4）进入驾驶舱，查找认识驾驶员操纵装置：转向操纵装置（转向盘、转向轴），换挡操纵装置（换挡杆），驻车制动，加速踏板及制动踏板。

（5）根据维修手册及相关知识，在前机舱查找与传动和制动系统等相关的主要部件。

（6）根据维修手册及相关知识，在车辆底部查找与传动系统、转向系统、行驶系统和制动系统相关的主要部件。

（7）复位工作。

（8）总结底盘四大系统各组件安装位置及连接情况，完成实训工单并上交。

四、思考与练习

1. 选择题

（多选题）行驶系统的作用包括（　　　）。

A. 支撑整个车身　　　　　　　　B. 接受传动系统的动力使汽车正常行驶

C. 缓冲减振　　　　　　　　　　D. 制动

2. 判断题

（1）底盘主要功能是支承整车质量，将发动机/电动机发出的动力传给驱动车轮，同时还要传递和承受路面作用于车轮的各种力和力矩，并缓和冲击、吸收振动，以保证汽车的舒适性，并能比较轻便和灵活地完成整车的转向及制动等操作。　　　　　　　　　（　　　）

（2）电动汽车采用电动式动力转向系统，与现在越来越多地采用电动助力转向的燃油车没有什么差别。　　　　　　　　　　　　　　　　　　　　　　　　　　　　　（　　　）

（3）无论是传统内燃机汽车还是电动汽车，其驱动行驶原理是一样的。当发动机/电动机通过传动系统将动力（转矩）传给驱动轮时，牵引力最大值受驱动轮轮胎与地面的附着能力影响较大。当牵引力增大到能克服车辆静止状态的最大阻力时，汽车便开始运动。

（　　　）

五、知识拓展

比亚迪电池车身一体化 CTB 技术

比亚迪电池车身一体化 CTB（Cell to Body），从结构来看，比亚迪的"CTB 技术"和 CTC 相似（电池底盘一体化，即电芯直接集成于车辆底盘的工艺），都是将电池直接融合在底盘中。但是与 CTC 不同之处在于比亚迪的 CTB 技术直接将传统电池变成"底盘"，成为白车身的一部分。比亚迪 CTB 技术结构简化，减少了很多焊接等工艺，成本进一步降低。采用 CTB 技术之后，整车优势主要有以下三个方面：

（1）安全性提升。首款搭载 CTB 技术的海豹，如图 1-2-4 所示，电池安全和整车安全都大幅提升。CTB 技术直接让刀片电池和高强度车身融为一体，电池成为车身整体的一个大结构件，在车辆受到比较大的碰撞时，电池整体可以传递并吸收能量，大大提升车辆的安全性。测试数据表明，使用 CTB 技术的 e 平台 3.0 车型在碰撞发生时，正碰车内结构安全提升 50%，侧碰车内结构安全提升 45%。发生意外时，高强度的车身能更大程度保障驾乘员的安全，做到"撞不断"的电动车。

图1-2-4　比亚迪海豹

（2）操控性提升。采用CTB技术后，整车强度得到提升，使车辆在各种路况下的形变量变小，高速过弯时的侧倾也变小，车身将会变得更加稳定，车辆的操控性随之提升。采用CTB技术的首款车型海豹，它的整体扭转刚度提升70%，已经达到百万级豪车的扭转刚度标准。比亚迪CTB技术实现了电动车领域50∶50的整车黄金轴荷配比，通过良好的车身配比，为车辆带来更平稳的操控性能。

（3）舒适性提升。电池与车身地板融为一体之后，有效降低了车身振动，优化了车辆的NVH（NVH是噪声、振动与声振粗糙度的英文缩写，与车内乘员的乘坐舒适性息息相关）；还有利于对车辆底盘进行纯平设计，提升了车辆在垂直方向的空间，并减少了车辆受到的风阻，从而提高了整车的乘坐舒适性。

项目二　变速驱动桥

　项目描述

新能源汽车的传动系统与传统燃油车区别不大，主要根据新能源汽车的车载能源的变化，调整了动力传递系统。本项目主要介绍纯电动和混合动力汽车的变速驱动桥与传统燃油车的区别。该项目主要包括四个任务：

任务2-1　认识纯电动汽车驱动系统

任务2-2　检查纯电动汽车减速器总成

任务2-3　认识混合动力汽车传动系统

任务2-4　检测混合动力汽车不传动故障

任务2-1　认识纯电动汽车驱动系统

学习目标

知识目标：了解纯电动汽车驱动系统的组成。

熟悉纯电动汽车驱动系统布置形式。

掌握纯电动汽车挡位及控制原理。

能力目标：能向客户介绍不同类型电动汽车传动系统。

能使用汽车故障诊断仪检查车辆。

能检查纯电动汽车驱动系统。

素养目标：树立安全生产意识和自主学习意识。

培养创新思维和吃苦耐劳的劳动精神。

严格执行纯电动汽车操作规范，养成严谨细致的工作习惯。

思政育人

通过拓展介绍轮毂电机技术，使学生了解行业的发展状况，培养创新思维，坚信实践没有止境，理论创新也没有止境的社会主义核心价值观。

一、任务引入

小李是一名新能源汽车专业学生，正在4S店实习，一位车主的北汽EV160底盘与不平路面发生了碰撞，将该车送来检查驱动系统零部件是否出现问题，你能完成此项任务吗?

二、知识链接

1. 纯电动汽车的基本结构与原理

动力电池作为储能装置，通过充电系统进行电能的补充；动力电池向驱动电机输出电能，电机驱动汽车前进。当汽车行驶时，由蓄电池输出电能（电流）通过控制器驱动电机运转，电机输出的转矩经传动系统带动车轮前进或后退。电动汽车续驶里程与蓄电池容量有关，蓄电池容量受诸多因素限制。要提高一次充电续驶里程，必须尽可能地节省蓄电池的能量。

1）结构

电动汽车驱动系统由驱动系统、电源系统和辅助系统等三部分组成，如图2-1-1所示。驱动系统是电动汽车的核心，一般由电子控制器、功率转换器、驱动电机、机械传动装置和车轮组成。其功用是将蓄电池组中的化学能以电能为中间媒介高效地转化为车轮动能，进而推动汽车行驶，并能在汽车制动及下坡时实现再生制动（即将汽车动能吸收并转化为蓄电池化学能储存起来，从而增加续驶里程）。

驱动电机的作用是将动力电池的电能转化为机械能，通过传动装置驱动车轮，或由其直接驱动车轮。

电子控制器即电机调速控制装置，其作用是控制电机的电压或电流，完成电机的转矩和转向的控制，从而实现电动汽车变速和变向。

功率转换器用作DC/DC转换（直流/直流）和DC/AC转换（直流/交流）。DC/DC转换器又称直流斩波器，其作用是将蓄电池的直流电转换为电压可变的直流电，并将再生制动能量进行反向转换，用于直流电机驱动系统。DC/AC转换器通常称为逆变器，其作用是将蓄电池的直流电转换为频率、电压均可调节的交流电，也能进行双向能量转换，用于交流电机驱动系统。

机械传动装置是将电机的转矩传给汽车传动轴或直接传给车轮（轮毂电机）。相对于传动内燃机汽车，电动汽车的机械传动装置大大简化，故其机械效率得以提高。电源系统包括蓄电池组、充电器和能量管理系统。电源是制约电动汽车发展的主要因素，其应具有高的比能量（即能量密度）和比功率（即功率密度），以满足汽车的续驶里程和动力性的要求。

辅助系统包括辅助动力源、动力转向系统、导航、照明、刮水器、收音机和音响等，它们是汽车操纵性和乘坐舒适性的保证。

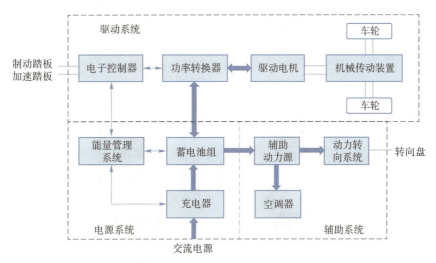

图 2-1-1　电动汽车组成示意图

2）工作原理

来自制动踏板或加速踏板的控制信号输入电子控制器，并通过控制功率转换器调节驱动电机输出转矩和转速，电机转矩再通过机械传动装置驱动车轮转动。充电器通过外部充电接口向蓄电池充电，车辆行驶时，蓄电池经功率转换器向驱动电机供电。汽车制动时，驱动电机运行在发电状态，将汽车部分动能吸收，并重新转化为电能给蓄电池供电，从而延长汽车的续驶里程。

纯电动汽车
工作原理

2. 纯电动汽车驱动系统的布置形式

电动汽车的结构布置比较灵活，驱动系统布置形式多样，主要取决于电机驱动系统的方式。电动汽车的驱动系统性能决定着电动汽车运行性能的好坏。常见的驱动系统布置形式可分为两大类：电机中央驱动式和电动轮驱动式，其中电动轮驱动包括轮毂电机驱动。

1）电机中央驱动式

（1）变速器-离合器的驱动系统。图 2-1-2 所示为一种典型的电机中央驱动形式。这种驱动形式与传统内燃机汽车驱动形式一致，驱动电机代替发动机，仍然带有离合器、变速器和差速器，属于改造型电动汽车，这种布置可以提高电动汽车的起动转矩，增加低速时电动汽车的后备功率。这种布置方式有利于传统汽车改造，制造成本低，但传动效率低，电机匹配困难。

（2）无离合器-固定速比变速器驱动系统。如图 2-1-3 所示，由于电动机扭矩输出和电动机转速无关，可以在较大的速度范围内提供相对稳定的功率，因此目前绝大部分电动汽车都采用单级变速器或减速器（被称为固定齿比变速器）。省去了离合器，这种布置形式使机械传动系统的体积和质量减少，降低了操作难度。

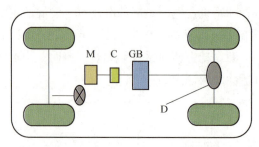

图 2-1-2　变速器-离合器的驱动系统

GB—变速器；C—离合器；M—驱动电机；D—差速器

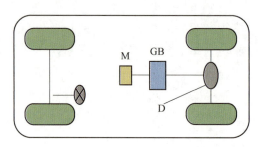

图 2-1-3　无离合器-固定速比变速器驱动系统

M—驱动电机；FG—固定速比变速器；D—差速器

（3）单电机-减速器-差速器一体化结构。与第二种驱动形式类似，但是驱动电机、固定速比变速器和差速器被整合为一体（减速差速机构），布置在驱动轴上。如图 2-1-4 所示，整个驱动系统被大大简化和集成化。从再生制动的角度出发，这种驱动形式可以很容易地实现电能从车轮到电动机的回收。因为没有传动装置，传动效率高。但是这样的布置形式要求有低速大转矩、速度变化区域大的电动机，同时增加了电动机和逆变器的容量。

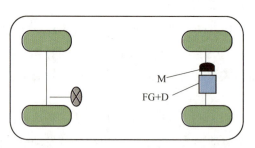

图 2-1-4　单电机-减速器-差速器一体化结构

M—驱动电机；FG—固定速比变速器；D—差速器

（4）双电机-固定速比变速器一体化结构（电动轮驱动式）。在电机中央驱动式第三种传动形式的基础上，差速器被两个独立的驱动电机所代替。每个驱动电机单独完成一侧车轮的驱动任务，此种形式称为双电机电动轮驱动式。如图 2-1-5 所示，在车辆转弯时，两侧的电机就会分别工作在不同的速度下。这种形式的控制难度较大，需要更加复杂的控制系统。

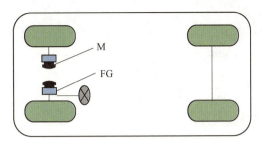

图 2-1-5　双电机-固定速比变速器一体化结构

M—驱动电机；FG—固定速比变速器

2）轮毂电机驱动式

轮毂电机技术又称为车轮内装电机技术，它最大的特点就是动力、传动和制动装置都整合到轮毂内，因此将电动车辆的机械部分大大简化，传动效率更高。轮毂电机驱动方式可分为减速驱动和直接驱动两大类。

（1）双电机-固定速比变速器一体化轮边驱动。为了进一步简化驱动系统，牵引电机与车轮之间取消了传统的传动轴，由驱动电机直接驱动车轮前进，同时一个单排的行星齿轮机构充当固定速比变速器，用来减小转速和增强转矩，以满足不同工况的功率和转矩需求。此种驱动形式称为内转子式轮毂电机驱动形式，如图 2-1-6 所示。

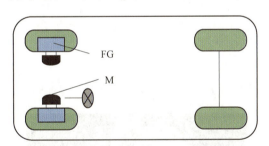

图 2-1-6　双电机-固定速比变速器一体化轮边驱动

M—驱动电机；FG—固定速比变速器

（2）双轮毂电机驱动系统。在完全舍弃驱动电机和驱动轮之间的机械传动装置之后，轮毂电机的外转子直接连接在驱动轮上。驱动电机转速控制与车轮转速控制融为一体，构成了外转子式轮毂电机驱动（双轮毂电机）。这种分布方式需要驱动电机提供更高的转矩来起动和加速车辆，如图 2-1-7 所示。

（3）四轮毂电机驱动系统。如图 2-1-8 所示，四轮毂电机即安装 4 轮独立控制的电动机和逆变器的驱动系统，这样可以使结构更加紧凑，同时能够使车辆达到前所未有的机动性。车轮可以实现±180°的旋转、横向行驶、任意旋转行驶。由于可以进行各车轮任意转矩控制，防滑控制、制动控制等多种性能得以发挥。轮毂式电机的大型化较难，但是总功率依靠 4 台电动机分担，每台电动机的容量可以变得小一些。此外，由于没有动力传动装置，效率可以稍微得到改善。

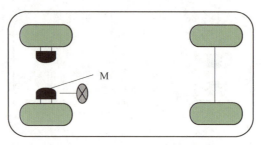

图 2-1-7　双轮毂电机驱动系统

M—驱动电机

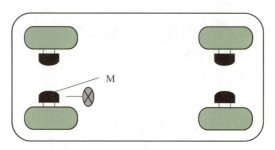

图 2-1-8　四轮毂电机驱动系统

M—驱动电机

3. 纯电动汽车挡位控制原理

1）正确使用挡位

一般电动汽车挡分为驻车挡 P、倒车挡 R、空挡 N、前进挡 D，如图 2-1-9 所示。

图 2-1-9　电动汽车挡位

（1）驻车挡 P 使用方法。

当车辆想长时间停车，特别是在坡道上停车，需要换成 P 挡，此时车轮处于机械抱死状态，能保证车辆在静止状态下无法移动。要注意的是，应该在车辆挂空挡，拉上驻车制动熄火之后，再挂入 P 挡，然后拔下钥匙。如果挂入 P 挡后，再拉驻车制动熄火对变速齿轮有损害。在车辆行驶过程中千万不可推入 P 挡，否则会对车辆造成极大损伤。

（2）倒车挡 R 使用方法。

在选择倒车挡前，确保车辆处于静止状态，然后踩下制动踏板，轻轻压下手柄，确保车辆处于静止状态。在换成倒车挡时，有的车辆需要按下变速挡上面的保险按钮装置才可将变速杆挂到 R 挡上。要特别注意的是，在汽车移动时不能换入 R 挡，必须要在车辆完全停止时才可以挂倒挡。

（3）空挡 N 使用方法。

N 挡可在车辆刚起动或拖车时使用，还可以在等待信号或堵车、短暂停车时使用，在挂入 N 挡的同时要拉紧驻车制动杆，在坡道短暂停车时为防止溜车还要踩着制动踏板。但在下坡时禁止使用空挡 N 滑行，否则会损坏变速器。

（4）前进挡 D 使用方法。

准备起步时，先踩制动踏板，要将换挡杆挂入 D 挡位，然后松驻车制动杆，抬起制动踏板踩下加速踏板，根据道路状况控制节气门自动换挡。正常平路行驶时无须驾驶员换其他挡位。

（2）北汽新能源 EV160 旋钮式换挡

汽车换挡杆从手动换挡杆发展到手自一体换挡杆、电子式换挡杆再到旋钮式电子换挡杆。北汽新能源 EV160 搭载着一个具有科技感的旋钮式电子换挡机构，在起动车辆后，可以采用旋转方式在 R（后退挡）、N（空挡）、D（前进挡）、E 挡位之间切换。如图 2-1-10 所示，具备 E 挡能量回收可调模式，根据驾驶员不同感受改善能量回收及制动性能，以延长续驶里程。妥善使用能量回收系统，能增加 5%~15% 的续驶里程。

图 2-1-10　北汽新能源 EV160 旋钮式电子换挡机构

驾驶员可根据驾驶习惯对应电制动强度关系：E3 挡>E2 挡>E1 挡>D 挡。驾驶员倾向于松开加速踏板后，车辆迅速减速可选择 E3 挡；驾驶员倾向于松开加速踏板后，车辆能滑行很长距离，建议选择 D 挡。但经常需要使用制动的山路、坡道及车辆载荷较大时，建议使用 E 挡，能增加电制动强度，提升制动性能。从汽车续驶里程上考虑，建议选择 E 挡行车，E 挡在综合工况的里程延长率分别为：E1 挡 9%，E2 挡 11%，E3 挡 13%。选 E 挡有利于延长续驶里程，制动能量回收 E3 最强，车辆电制动减速最快，依次递减。

4. 检查仪表各警报指示灯的工作状态

1）组合仪表

北汽 EV160 组合仪表如图 2-1-11 所示，其含义如表 2-1-1 所示。

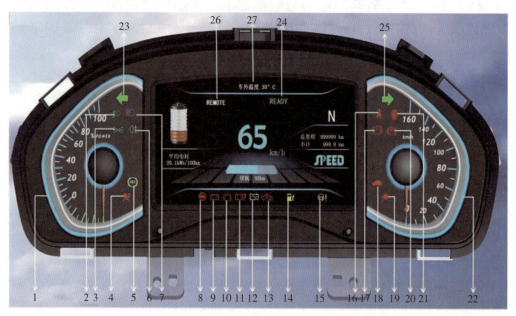

图 2-1-11　北汽 EV160 组合仪表

表 2-1-1　北汽 EV160 组合仪表含义

序号	名　称	序号	名　称	序号	名　称
1	驱动电机功率表	10	电机及控制器过热指示灯	19	充电线连接指示灯
2	前雾灯	11	动力电池故障指示灯	20	驻车制动指示灯
3	示廓灯	12	动力电池断开指示灯	21	门开指示灯
4	安全气囊指示灯	13	系统故障灯	22	车速表
5	ABS 指示灯	14	充电提醒灯	23/25	左/右转向指示灯
6	后雾灯	15	EPS 故障指示灯	24	READY 指示灯
7	前照灯	16	安全带未系指示灯	26	REMOTE 指示灯
8	跛行指示灯	17	制动故障指示灯	27	室外温度提示
9	蓄电池故障指示灯	18	防盗指示灯		

2）故障警告灯

北汽 EV160 主要故障警告灯如表 2-1-2 所示。

表 2-1-2　北汽 EV160 主要故障警告灯

序号	故障警告灯	序号	故障警告灯	序号	故障警告灯	序号	故障警告灯
1	动力电池断开	4	电机冷却液温度过高	7	动力系统故障	10	连接充电枪
2	动力电池绝缘性能降低	5	尽快离开	8	车辆准备就绪	11	尽快充电
3	动力电池故障	6	制动系统故障	9	经济模式	12	清零操作杆

5. 新能源汽车故障诊断仪使用

在新能源汽车的维护与维修工作中，诊断仪具有十分重要的作用。

1）汽车故障诊断仪的功用

汽车故障诊断仪又称解码器，它能与汽车 ECU 进行通信，其主要功能：故障码读取和清除、动态数据显示、传感器和部分执行器的功能测试和调整、某些特殊参数的设定、维修资料及故障诊断提示、波形图分析等。

2）汽车故障诊断仪的类型

汽车故障诊断仪分为专用型和通用型。

（1）专用型。专用型故障诊断仪是汽车制造厂家为检测诊断本厂生产的汽车而专门设计制造的解码器，只针对某一品牌的车，多用于 4S 店，功能强大但价格昂贵。

比亚迪汽车专用故障诊断仪使用

（2）通用型。通用型故障诊断仪是检测设备厂家为适应检测诊断多种车型而设计制造的解码器。它存储有几十种甚至几百种不同厂家、不同车型汽车电控系统的检测程序、检测数据和故障码等资料，并配备有各种车型的检测接头，可以检测诊断多种车型，一般用于维修厂、维修店等综合型维修企业，基本功能比较完善、价格低、应用范围广，支持大部分车型。

不同类型的汽车故障诊断仪的使用方法略有不同，新能源汽车故障诊断基本操作如下：

（1）设备连接。首先确定要诊断的车系，找到车辆诊断座位置及形状，根据诊断座选择合适的汽车故障诊断仪插头，不同车系对应不同的插头。将插头插到车辆对应的诊断接口处（一般大部分是在转向盘下面左右两侧）。关闭点火开关，将解码器连接到诊断座上。

（2）进入诊断系统。打开点火开关到 ON 挡（按下汽车的一键起动键接通电源），再打

开诊断仪，选择相应的车型进行汽车诊断，进入诊断程序。注意事项：先接上接头，再打开点火开关至 ON 挡，最后才打开汽车故障诊断仪。

（3）读取故障码。选择检测系统，读取故障码，可以看出该车目前存在一些故障信息，如检查不出故障码，可以选择读取数据流，查看数据的变化再对照维修手册。

（4）清除故障码。诊断维修后清除故障码，起动汽车再进行读取故障码，看是否被清除了。人工清除故障码的方法有多种，需要时根据检测车型的情况进行选择。

（5）退出故障诊断仪。依次退出诊断程序，先关闭诊断仪开关，再关闭点火开关，从诊断仪上拔出诊断接头。

三、任务实施

1. 实施准备

认识纯电动汽车驱动系统需要的具体材料如下：

（1）学材、教材：新能源汽车底盘技术学材、维修手册。

（2）实训设备：纯电动汽车、纯电动汽车驱动系统台架、举升机；车内外三件套、绝缘防护装备、车用万用表。

实训前提示安全注意事项：注意人身安全，防止机件碰伤身体。

2. 实施内容

（1）车辆驱动系统布置形式识别。

①观察车辆，查找确定相应的驱动系统类型。

②描述该类型特点。

（2）车辆结构组成识别。

①观察车辆，根据维修手册及相关知识，查找确定纯电动汽车各总成部件名称。

②绘制纯电动汽车驱动系统动力传递路线。

③根据维修手册及相关知识，对认识的纯电动汽车车型驱动系统进行外观检查。

（3）纯电动汽车的挡位使用和起动车辆。

①观察车辆，说明纯电动汽车各挡位作用及特点。

②正确起动纯电动汽车。

③根据维修手册及相关知识，检查纯电动汽车的挡位情况、仪表情况。

④识别仪表中的挡位故障灯符号，并说明出现了什么情况。

（4）利用故障诊断仪检查车辆。

①故障码读取。

②数据流分析。

③退出故障诊断仪。

（5）检查纯电动汽车驱动系统。

①检查驱动电机外观，是否有破损。

②检查驱动电机冷却液排放管口，是否有泄漏。

③检查减速器外观，是否有破损。

④检查减速器放油螺栓，是否有泄漏。

⑤检查各轴承及油封，是否有渗漏。

（6）复位工作。

（7）总结纯电动汽车驱动系统驱动形式和故障诊断仪使用方法，完成实训工单并上交。

四、思考与练习

1. 判断题

（1）电动汽车的结构布置比较灵活，大体可分为两类：电机中央驱动形式和电动轮驱动形式。　　　　　　　　　　　　　　　　　　　　　　　　　（　　）

（2）轮毂电机技术又称为车轮外装电机技术，其最大特点就是将动力装置、传动装置和制动装置一并整合到轮毂内。　　　　　　　　　　　　　　　　　（　　）

（3）纯电动汽车的结构与燃油汽车相比，主要增加了电力驱动控制系统，而取消了发动机，电力驱动控制系统由电力驱动主模块、车载电源模块和辅助模块三大部分组成。

　　　　　　　　　　　　　　　　　　　　　　　　　　　　　　　（　　）

五、知识拓展

轮毂电机技术

高性能轮毂电机及总成技术是"十四五"我国国家重点研发共性关键技术之一，轮毂电机产品的研发已列入国内外汽车零部件企业和车企发展规划中。舍弗勒、比亚迪、吉利、华人运通等企业都已积极开展轮毂电机产品的研发。轮毂电机驱动技术将在未来的新能源车中拥有广阔的前景。

轮毂电机技术的诞生可以追溯到1900年，保时捷就首先制造出了前轮装备轮毂电机的电动汽车，如图2-1-12所示。1902年保时捷研制出了采用发动机和轮毂电机的混合动力汽车，1910年保时捷将此两项技术应用于军用车辆。20世纪50年代，美国人罗伯特发明了电动汽车轮毂，并申请了专利。在20世纪70年代，这一技术在矿山运输车等领域得到应用。而对于乘用车所用的轮毂电机，日系厂商对于此项技术研发开展较早，目前处于领先地位，包括通用、丰田在内的国际汽车巨头也都对该技术有所涉足。

图 2-1-12　前轮装备轮毂电机的电动汽车

国内自主品牌车企也涉足了轮毂电机技术领域，并随着国家高技术研究计划的大力推动，取得了一定的成绩。同济大学从 2002—2004 年陆续研制了"春晖一号""春晖二号""春晖三号"系列电动样车，采用分布式驱动技术，驱动电机为低速大扭矩的永磁无刷直流电机，外转子电机直接与轮毂连接，其中"春晖三号–嘉乐"为国内首辆实现线控转向的电动汽车。清华大学于 2004 年研发了纯电动汽车"哈利"，该车由四个 2 kW 的轮毂电机驱动，最大车速可以达到 80 km/h，续驶里程为 100 km。2004 年，比亚迪推出四轮分布式驱动样车 ET，该样车采用峰值功率 25 kW、峰值转矩 440 N·m 的轮毂电机，百公里加速时间为 8.5 s。2011 年上海车展奇瑞展出的瑞麒 X1 增程电动车采用了轮毂电机技术，如图 2-1-13 所示。2018 年新车企华人运通发布了一款名为 RE05 的工程车，采用四轮转向轮毂电机技术，"RE"代表了 research，意思是研究、探索。

图 2-1-13　瑞麒 X1 增程电动车

米其林公司最新研发的轮毂电机能够把电机和电子主动悬架都整合到车轮内，其结构如图 2-1-14 所示。2021 年，舍弗勒轮毂驱动业务全球总部及研发中心正式在上海启用，这标志着经历百年的轮毂电机技术开始步入量产化阶段。

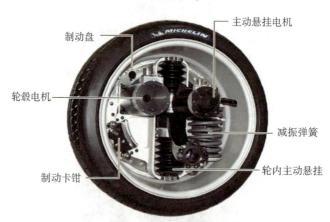

图 2-1-14　米其林轮毂电结构

轮毂电机技术根据电机的转子形式主要分为两种，即内转子式轮毂电机和外转子式轮毂电机，其中外转子式采用低速外转子电机，电机的最高转速在 1 000~1 500 r/min，无减速装置，车轮的转速与电机相同。外转子式的优点是结构简单、轴向尺寸小，能在较大的速度范围内控制转矩，且响应速度快，没有减速机构，效率高；其缺点是要获得较大的转矩，必须增大电机的体积和质量，成本较高。而内转子式则采用高速内转子电机，配备固定传动比的减速器，为获得较高的功率密度，电机的转速可高达 10 000 r/min。内转子式优点是比功率较高、质量轻、体积小、噪声小、成本低；其缺点是必须采用减速装置，传动效率低，非簧载质量较大，电机的最高转速受到线圈损耗、摩擦损耗及变速机构承受力等因素影响。随着更为紧凑的行星齿轮减速器的出现，内转子式轮毂电机在功率密度方面比低速外转子式更具竞争力。相较于其他驱动形式，轮毂电机驱动型电动汽车有着极其显著的优点，能节省空间，提高传动效率，是新能源汽车的前沿技术，发展潜力较大。目前，这项技术存在当车轮工作环境过于复杂，无法保证其耐久性以及高速振动、噪声等仍是亟待解决的问题。

任务 2-2　检查纯电动汽车减速器总成

学习目标

知识目标：掌握纯电动汽车减速器的组成和安装位置。

了解电动汽车减速器的工作原理。

熟悉减速器常见故障的原因与处理方法。

能力目标：能评价减速器总成技术状况。

拆卸并检查纯电动汽车减速器的总成。

素养目标：树立团队合作意识和安全生产意识。

培养创新精神和奋斗精神。

严格执行拆检纯电动汽车减速器操作规范，养成严谨细致的工作习惯。

思政育人

通过介绍中国电动汽车领域的先行者——孙逢春事例，培养学生爱岗敬业的奋斗精神和坚持不懈的创新精神，争作有理想、敢担当、能吃苦、肯奋斗的新时代好青年。

一、任务引入

小王在新能源汽车某 4S 店工作，今天接了一辆 EV160 纯电动汽车，该车行驶中伴随不同车速，从底盘前部传来异响声，经检查师傅告诉小王需要对减速器总成拆解后检查，你能修复该故障吗？

二、知识链接

1. 减速器的功能

减速器主要功能是降低转速，增加转矩。由于工作特性要求，车辆需求动力源在低速时输出大扭矩，高速时输出恒功率，传统内燃机输出特性无法与车辆直接匹配，需要匹配一个多挡变速器满足车辆需求。对于纯电动汽车而言，由于电机具有与传统内燃机不同的工作特性，在低速时能够输出大扭矩，高速时能够输出恒功率，因此电机特性能够基本与车辆需求吻合，无须增加多挡变速器，只需配备一个齿比中等的单级减速器或者两挡变速器即可。因此，纯电动汽车的驱动系统结构大幅简化。电动汽车单速变速器是采用固定传动比将电机转速降低并增大转矩装置，不同车型传动比不同。单级减速器方案传动效率高、质量轻、体积小、开发难度小等特点，目前量产车型大多采用固定速比的减速器。

大多数纯电动汽车采用前驱形式，如图 2-2-1 所示，前驱减速器总成安装于前机舱下部，介于驱动电机和驱动半轴之间，驱动电机的动力输出轴通过花键直接与减速器输入轴齿轮连接。少数纯电动汽车采用后驱形式，减速器总成通常安装于后驱动桥，通过半轴驱动车辆的后轮行驶，如大众 ID.3、极氪 001 等。当采用电动汽车四驱形式时，前后驱动后桥通常都安装减速器，如特斯拉 Model S 四驱、比亚迪汉四驱、极氪 001 四驱等。

图 2-2-1 前驱减速器总成安装位置

2. 北汽 EV160 减速器结构及性能参数

北汽 EV160 纯电动汽车搭载的减速器总成型号为 EF126B02（图 2-2-2），由中国长安汽车集团股份有限公司重庆青山变速器分公司生产。它是一款前置前驱减速器，采用左右分箱、两级传动结构设计，具有体积小、结构紧凑的特点，采用前进挡和倒车挡共用结构进行设计，倒车挡通过电机反转实现。该减速器性能参数如表 2-2-1 所示。

图 2-2-2 EF126B02 减速器总成

北汽 EV160 减速器
总成结构

表 2-2-1 北汽 EV160 减速器性能参数

技术指标	技术参数	备注
最高输入转速	9 000 r/min	
转矩容量	<260 N·m	
驱动方式	横置前轮驱动	
减速比	7.793	
质量	23 kg	不含润滑油
润滑油规格	GL-475W-90 合成油	推荐嘉实多 BOT130
设计寿命	10 年/30 万 km	

3. 工作原理

减速器动力传动机械部分是依靠两级齿轮副来实现减速增扭。其按功用和位置分为五大组件：右箱体、左箱体、输入轴组件、中间轴组件、差速器组件，如图2-2-3所示。动力传递路线：驱动电机→输入轴→输入轴轴齿→中间轴齿轮→中间轴轴齿→差速器半轴齿轮→左右半轴→左右车轮。

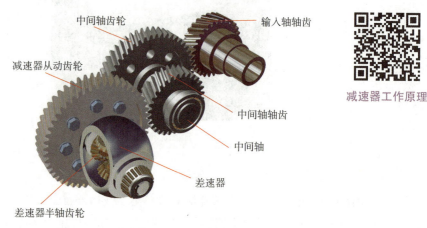

减速器工作原理

图2-2-3 减速器动力传动机械部分结构

4. 纯电动汽车两挡变速器

单级减速器方案需求电机扭矩较大、转速较高，无法有效控制纯电动汽车的动力性、经济性和舒适性，后程加速能力和高速持续行驶都比较弱。

（1）多挡化。现有电机特性很难满足所有工况下的整车动力性、经济性需求，搭载多挡变速器可以有效调节电机的输出表现。两挡变速器可减小电机输出扭矩，降低电机体积和成本，优化电机运行状态，可以提升车辆的动力性、经济性、舒适性和安全性，但增加了换挡机构、结构较复杂、效率稍低，需重新开发。宝马i8的驱动电机匹配了两挡变速器。

（2）高速化。通过提高电机的工作转速，采用适当的变速系统及控制策略，可以使回馈制动的允许范围拓宽，从而适应更多工况，使整车节能更加有效，提高续驶里程。目前很多驱动电机最高转速已达14 000 r/min以上，随着驱动电机高速化的发展，电动汽车变速器的高速化也将成为一种趋势。

（3）模块化。电机、变速器、控制器集成一体，使整车结构更紧凑、性能更优异，便于控制和降低成本。模块化的集成设计和管理控制是电动汽车驱动系统的发展方向。

5. 减速器总成的拆装

1）分解减速器

（1）拆下减速器壳体。

（2）拆下减速器盖固定螺栓，并用手取下固定螺栓。

（3）用一字螺丝刀撬开减速器壳体（动作轻柔），拆下减速器壳体。

注意事项：防止一字螺丝刀损伤减速器壳体密封面，需使用胶带包裹一字螺丝刀头部。

2）拆卸减速器齿轮

（1）拆下输入轴齿轮，并检查是否有损伤。

（2）拆下中间轴齿轮，并检查是否有损伤。

（3）拆下差速器齿轮，并检查是否有损伤。

减速器分解与组装
（吉利帝豪 300）

注意事项：拆卸人员需脱下手套进行操作，防止手套绒毛进入减速器造成故障。若输入轴齿轮、中间轴齿轮和差速器齿轮有损伤，需进行更换。

3）装配减速器

（1）安装减速器齿轮，安装前，需清理减速器前部壳体残余密封胶。

（2）安装差速器齿轮。

（3）安装中间轴齿轮。

（4）安装输入轴齿轮，并检查各齿轮是否啮合良好。

注意事项：为便于安装齿轮，可在轴承结合面涂抹润滑油。

（5）安装减速器壳体，安装前，需清理减速器后部壳体残余密封胶；再次涂抹新密封胶于减速器壳体密封面。

注意事项：可使用橡胶锤轻敲壳体，使各密封面结合紧密。

（6）拧固减速器壳体固定螺栓，使用扭力扳手按规定扭矩拧紧。

注意事项：完成拆装后，需整理工具，设备归位，清洁场地。

6. 减速器的维护

1）减速器维护周期

减速器总成磨合后，一般 3 000 km 或 3 个月更换润滑油，以后在整车特约维修点进行定期维护。减速器维护周期如表 2-2-2 所示（B 为在维护检查必要时更换润滑油，H 需更换润滑油）。

表 2-2-2　减速器维护周期

里程/km	10 000	20 000	30 000	40 000	50 000	60 000	70 000	80 000
月数	6	12	18	24	30	36	42	48
方法	B	H	B	H	B	H	B	H

2）减速器维护注意事项

（1）维护周期应以里程表读数或月数判断，以先达到者为准。表 2-2-2 所示为 80 000 km 以内的定期维护，超过 80 000 km 按相同周期进行维护。

（2）适用于各种工况行驶（重复的短途行驶；在不平整或泥泞的道路上行驶；在多尘路上行驶，在极寒冷季节或盐碱路上行驶；极寒冷季节的重复短途行驶）。

（3）在维护保养中必要时更换润滑油。

（4）如不因换油而是其他维修作业提升车辆时，也应同时检查减速器是否漏油。

（5）根据整车驾驶性能及供应商要求，整车将在维护保养时进行软件更新。

（6）要求润滑油为 GL-475W-90 合成油，持续许用温度≥140 ℃，油量为 0.9~1.1 L。

3）检查减速器

（1）目测检查减速器外部是否有磕碰、变形、漏油的情况。

（2）检查差速器半轴防尘套密封情况，检查防尘套有无破损、漏油，防尘套紧固卡环有无松动。

4）检查减速器润滑油

维护保养时，润滑油的检查方法如下：

（1）确认车辆是否处于水平状态，检查油位。

（2）检查减速器是否有漏油痕迹，如有，应分析漏油原因，修理漏油部位。

（3）拆下油位螺塞，检查油位。如润滑油与油位螺塞孔齐平，则说明油位正常。否则，应补加规定润滑油，直到油位螺塞孔口出油为止。

5）更换减速器润滑油

维护保养时，润滑油的更换方法如下：

（1）在换油前，必须停车断电，水平提升车辆。

（2）在升起车辆的状态下，检查油位以及是否漏油，如有漏油应处理。

（3）拆下放油螺塞，排放废油。放油螺塞涂上少量密封胶，并按规定力矩拧紧。

（4）拆下油位螺塞、进油螺塞，按规定型号加注润滑油，按规定油量（加注到油位螺塞孔）加注规定的新油，油位螺塞、进油螺塞涂上少量密封胶，并按规定力矩拧紧。

7. 纯电动汽车减速器的故障处理

1）减速器无动力传递

当整车无动力输出时，检查减速器是否损坏按下列操作执行：

（1）检查整车驱动电机是否运转正常，若运转正常，则执行（2），若提示驱动电机故障，则先检查驱动电机故障原因。

（2）整车上电，将手柄挂入 N 挡，松开脚制动，平地推车，检查车辆是否可以移动。或将整车放置到升降台上，转动车轮，检查是否能转动。若车辆可以移动或车轮可以转动，则执行（3），若车辆不能移动或车轮不能转动，则执行（4）。

（3）拆卸驱动电机与减速器连接，检查花键是否异常磨损，若减速器输入轴花键磨损，则需将减速器返厂维修。

（4）若车辆不能移动或车轮不能转动，说明减速器内部轴系卡死，减速器需返厂维修。

2）减速器异响

减速器产生异常噪声，主要原因与排除方法如表 2-2-3 所示。

表 2-2-3　减速器异响故障原因与排除方法

序号	故障原因	排除方法
1	润滑不足	按规定型号和油量添加润滑油
2	轴承损坏或磨损	参考《维修手册》操作规范对轴承进行更换
3	齿轮损坏或磨损	参考《维修手册》操作规范对齿轮进行更换

3）减速器渗漏油

减速器发生渗漏油，主要原因与排除方法如表 2-2-4 所示。

表 2-2-4 减速器渗漏油故障原因与排除方法

序号	故障原因	排除方法
1	输入轴油封磨损或损坏	参考《维修手册》操作规范更换油封
2	差速器油封磨损或损坏	参考《维修手册》操作规范更换油封
3	油塞处漏油	对油塞涂胶，按规定力矩拧紧
4	箱体破裂	参考《维修手册》操作规范对箱体进行更换
5	油量过多由通气塞冒出	检查油位调整油量

三、任务实施

1. 实施准备

检查纯电动汽车减速器总成需要的具体材料如下：

（1）学材、教材：新能源汽车底盘技术学材、维修手册。

（2）实训设备：纯电动汽车、举升机、车内外三件套、绝缘防护装备、常用拆装工具。

实训前提示安全注意事项：注意人身安全，防止机件碰伤身体。

2. 实施内容

（1）确认车辆故障。

①车辆防护；安装车轮挡块、车内外三件套，确认换挡杆置于空挡，驻车制动器操纵杆拉起。打开前机舱盖，安装车外三件套。

②分组查看车辆故障。

③确定减速器异响故障现象。

（2）就车检查电动汽车减速器，查找故障原因。

①预热汽车，将车辆停入举升工位，驻车后挂入 N 挡。

②根据举升机的操作流程举升汽车。

③用低压照明灯检查减速器外观。

④用套筒及扭力扳手检查减速器支承情况。

⑤转动驱动轮，检查减速器轴承的工作情况。

⑥转动驱动轮，检查减速器齿轮的工作情况。

（3）查找到减速器异响的原因后，参照维修手册对故障进行修复。

（4）复位工作。

（5）总结减速器常见故障，各组件安装位置及故障排除思路，完成实训工单并上交。

四、思考与练习

1. 选择题

一般电动汽车上的挡位分别为（　　　）。

A．P、R、N、D　　　　　　　　　　B．P、R、N、S、D

C．P、R、N、D、E　　　　　　　　　D．P、R、S、D

2. 判断题

（1）与传统燃油车不同，纯电动车一般都搭载单级减速器，即固定齿比变速器。

（　　　）

（2）北汽 EV160 汽车减速器动力传动机械部分动力传递路线是：驱动电机→输入轴→输入轴齿轮→中间轴轴齿→中间轴轴齿→差速器半轴齿轮→左右半轴→左右车轮。（　　　）

（3）纯电动汽车减速器的作用是将整车驱动电机的转速升高、转矩降低，以实现整车对驱动电机的转矩、转速需求。

（　　　）

（4）单级减速器方案传动效率高、资源丰富、开发难度小，基本可以满足中小型纯电动整车要求，目前量产车型大多采用固定速比的减速器。

（　　　）

五、知识拓展

中国电动汽车领域的先行者——孙逢春

孙逢春，湖南临澧人，新能源汽车专家，中国工程院院士，北京理工大学机械与车辆学院教授、博士生导师，电动车辆国家工程实验室主任。在我国电动汽车科研领域，孙逢春院士是中国电动汽车领域的先行者，如图 2-2-4 所示。他出生在湖南临澧县的一个偏远山区，从小学到高中毕业，总共上了 8 年学，16 岁回乡下干农活儿，修过拖拉机和抽水机、当过民办教师、做过砖瓦工等很多事情。他回顾说结缘电动汽车得益于早年修理拖拉机锻炼出的动手实践能力。1977 年秋，在湘西北临澧县九里乡山脚下的一座砖瓦厂，满身烟煤粉尘的孙逢春躺在砖窑顶上数天上的星星，对未来充满了迷茫。直到那年冬天，全国各地自主命题、陆续组织高考，孙逢春走进了高考考场，也正是这场考试彻底改变了他的人生轨迹。

图 2-2-4　中国电动汽车领域的先行者——孙逢春

　　20 多年前看到美国关于电动汽车的研发后，孙逢春当即下定决心研究电动汽车，秉着"电动汽车不能没有中国心脏"的决心，他创办了北京理工大学电动车辆工程技术中心。四张桌子、一台电脑，在学校一间简陋的格子间里，他带着教师和学生开始了对电动汽车核心技术——电机驱动系统的挑战，我国电动车辆技术研发由此起步。1995 年，他带领团队造出了中国第一辆纯电动汽车"远望号"，如图 2-2-5 所示。这也是中国第一辆电动公交车。1997 年研发出我国首个完全自主知识产权的电机电控系统、自动变速传动系统，后续相继完成了北京奥运会、上海世博会、广州亚运会等多个电动汽车示范运行项目。

图 2-2-5　中国第一辆纯电动汽车"远望号"

　　关于未来新能源汽车和智能网联的发展方向，孙逢春院士认为相对传统燃油车来说，在新能源汽车上智能网联化更容易快速地实现，不但能够很好地去产业化，还能把交通智能化发展起来。这是我国汽车业发展的一条基本路线，以新能源汽车为基础的智能化和网联化，将成为世界汽车产业的发展趋势。

任务 2-3　认识混合动力汽车传动系统

学习目标

知识目标：掌握混合动力汽车传动系统类型。

熟悉混合动力汽车传动系统的基本结构。

了解混合动力汽车传动系统的工作过程。

能力目标：能向客户介绍不同类型的混合动力汽车传动系统。

能检查混合动力汽车传动系统组成部件。

素养目标：树立安全生产意识和绿色、低碳发展理念。

培养创新思维和团队协作精神。

严格执行操作规范，养成严谨细致的工作习惯。

思政育人

通过拓展介绍中国混合动力技术崛起事例，引导学生紧跟行业发展前沿，不断学习新技术，培养学生的创新思维，坚持绿色、循环、低碳发展。

一、任务引入

小李在丰田 4S 店给自己的卡罗拉保养时，看到维修人员正在检查一辆卡罗拉汽车的传动系统，他发现这辆卡罗拉汽车的传动系统与自己的不同，原来该车是混动版。小李想了解混合动力汽车的传动系统，你如何给他介绍呢？

二、知识链接

1. 混合动力电动汽车认知

1）基本概念

通常是指由不同动力源驱动的汽车，包括油电混合动力汽车、气电混合动力汽车。目前天然气汽车通常也是油气混合动力的一种。这里主要介绍油电混合动力汽车。混合动力电动汽车是介于内燃机汽车和电动汽车之间的一种车型，是内燃机汽车向纯电动汽车过渡的车型。

混合动力汽车尽管不能实现零排放，但其动力性、经济性及排放等性能能够在一定程度上缓解汽车发展与环境污染、能源危机的矛盾。常见混合动力车型包括：丰田普锐斯、本田思域 Hybrid、奥迪 A3 Sportback e-tron、比亚迪唐、比亚迪宋、荣威 750Hybrid 等。图 2-3-1 所示为丰田普锐斯 THS-Ⅱ汽车结构。

发动机
变频器
HV蓄电池
变速驱动桥

图2-3-1 丰田普锐斯THS-Ⅱ汽车结构

2）混合动力电动汽车的特点

混合动力电动汽车与纯电动汽车相比较，由于内燃机作为辅助动力，蓄电池的数量和质量可以减少，因此汽车自身质量可以减小；汽车的续驶里程和动力性可达到内燃机的水平；借助发动机的动力，可带动空调、真空助力、转向助力及其他辅助电器，无须消耗蓄电池组有限的电能，从而保证了驾车和乘坐的舒适性。

混合动力电动汽车与传统内燃机汽车相比较，可使发动机在最佳的工况区域稳定运行，避免或减少了发动机变工况下的不良运行，使发动机的排污和油耗大为降低；在人口密集的商业区、居民区等地可用纯电动方式驱动车辆，实现零排放；可通过电动机提供动力，因此可配备功率较小的发动机，并可通过电动机回收汽车减速和制动时的能量，进一步降低汽车的能量消耗和排污。因此，混合动力电动汽车研发的主要目的就是要减少石油能源的消耗，减少汽车尾气中的有害气体量，降低大气污染。

2. 混合动力汽车传动系统类型

1）按照动力系统结构形式

混合动力电动汽车通常至少拥有两个动力源和两个能量储存系统，因其结构组成、布置方式和控制方式不同，其结构形式也多种多样。按照动力系统结构形式，可分为串联式混合动力系统、并联式混合动力系统、混联式混合动力系统。

（1）串联式混合动力系统（SHEV）。

串联式混合动力系统结构为发动机、发电机和电动机三部分动力总成。它们之间用串联方式连接，发动机驱动发电机发电，电能通过控制器输送到电池或电动机，由电动机通过变速机构驱动汽车，如图2-3-2所示。串联式混合动力电动汽车的发动机能够经常保持在稳定、高效、低污染的运转状态，使有害气体的排放被控制在最低范围，能量转换的效率要比内燃机汽车低，故串联式混合动力系统较适合在大型客车上使用。

串联式的工作模式通常有三种控制模式：纯电动模式、纯发动机模式、混合模式。纯电动模式即发动机关闭，车辆行驶完全依靠电池组供电驱动；纯发动机模式则仅在发动机运行情况下驱动车辆，蓄电池电力充足时作为储备，不足时，发动机同时为其充电；混合模式，

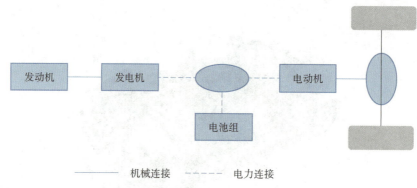

机械连接 ————— 电力连接

图 2-3-2 串联式混合动力系统原理图

即整车动力是通过发动机与电池组共同提供。在串联式混合动力电动汽车上，由发动机带动发电机所产生的电能和蓄电池输出的电能，共同输出到电动机来驱动汽车行驶，电力驱动是唯一的驱动模式，图 2-3-3 所示为串联式混合动力系统动力流程图，代表车型有雪佛兰沃蓝达、宝马 i3 增程式混动版、传祺 GA5 增程式混动版等。

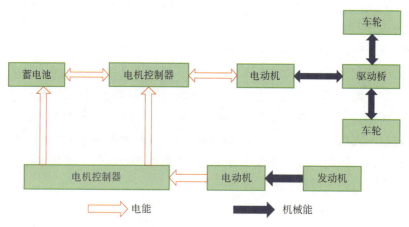

⟹ 电能 ⟹ 机械能

图 2-3-3 串联式混合动力系统动力流程图

（2）并联式混合动力系统（PHEV）。

并联式驱动系统可以单独使用发动机或电动机作为动力源，也可以同时使用电动机和发动机作为动力源驱动车辆行驶，有两套驱动系统，即传统内燃机系统和电力驱动系统。图 2-3-4 所示为并联式混合动力系统原理图。并联式混合动力驱动系统的特点是发动机通过机械传动机构直接驱动汽车，无机械能和电能的转换损失，因此发动机输出能量的利用率相对较高。此种布置方式结构简单、成本较低。这种系统适用于多种不同的行驶工况，通常被应用在小型混合动力电动汽车上，代表车型有本田的 Accord、日产风雅等。

并联式驱动系统有两条能量传输线路，可以同时使用电动机和发动机作为动力源来驱动汽车，这种设计方式可以使其以纯电动汽车或低排放汽车的状态运行，但是此时不能提供全部动力能源，图 2-3-5 所示为并联式混合动力系统动力流程图。本田 IMA 系统是非常典型的并联式混合动力系统，至今已发展到第六代并应用在本田最新的 CR-Z、思域、飞度等车型上。

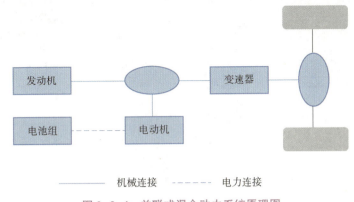

机械连接　　　　　电力连接

图 2-3-4　并联式混合动力系统原理图

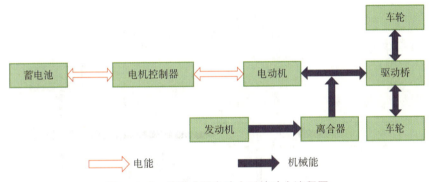

电能　　　　　机械能

图 2-3-5　并联式混合动力系统动力流程图

（3）混联式混合动力系统（PSHEV）。

混联式混合动力电动汽车综合了串联式和并联式结构特点组成的，由发动机、电动机或发动机和驱动电机三大动力总成组成。混联式驱动系统充分发挥了串联式和并联式的优点，发动机发出的功率一部分通过机械传动输送给驱动桥，另一部分则驱动发电机发电。发电机发出的电能输送给电动机或蓄电池，电动机产生的驱动力矩通过动力复合装置传送给驱动桥，图 2-3-6 所示为混联式混合动力系统原理图。能够使发动机、发电机、电动机等部件进行更多的优化匹配，从而在结构上保证了在更复杂的工况下使系统在最优状态工作，所以更容易实现排放和油耗的控制目标，因此是最具影响力的混合动力系统。与并联式混合动力系统相比，混联式动力系统可以更加灵活地根据工况来调节发动机的功率输出和电机的运转，该布置方式系统复杂、成本较高。

混联式驱动系统的内燃机系统和电机驱动系统各有一套机械变速机构，两套机构或通过齿轮系，或采用行星齿轮式结构结合在一起，从而综合调节内燃机与电动机之间的转速关系。与并联式混合动力系统相比，混联动力系统可以更加灵活地根据工况来调节内燃机的功率输出和电动机的运转，图 2-3-7 所示为混联式混合动力系统动力流程图。丰田 Prius 采用的是混联式驱动系统。

混联式驱动系统控制策略为在汽车低速行驶时，驱动系统主要以串联方式工作；当汽车高速稳定行驶时，则以并联工作方式为主。

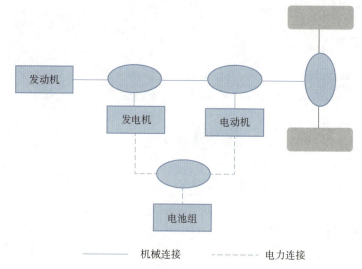

图 2-3-6　混联式混合动力系统原理图

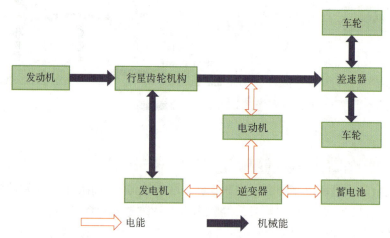

图 2-3-7　混联式混合动力系统动力流程图

2）按混合程度分类

按照两种不同能量的搭配比例不同，也就是根据在混合动力系统中电动机的输出功率在整个系统输出功率中占的比重，即混合程度的不同，混合动力系统可分为微混合型、轻度混合型、中度混合型、重度混合型及插电式混合动力，各类型功能如表 2-3-1 所示。

表 2-3-1　不同混合度类型及功能列表

类型	功能
微混合动力	发动机自动起停
轻度混合动力	发动机自动起停、回馈制动
中度混合动力	发动机自动起停、回馈制动、电动辅助
重度混合动力	发动机自动起停、回馈制动、电动辅助、纯电驱动
插电式混合动力（包含增程式）	发动机自动起停、回馈制动、电动辅助、纯电驱动、电网充电

（1）微混合型动力系统。

以发动机为主要动力源，电机作为辅助动力，具备制动能量回收功能的混合动力电动汽车。电机的峰值功率和总功率的比值小于10%。仅具有停车怠速停机功能的汽车也可称为微混合型动力电动汽车。

（2）轻度混合型动力系统。

以发动机为主要动力源，电机作为辅助动力，在车辆加速和爬坡时，电机可向车辆行驶系统提供辅助驱动力矩的混合动力电动汽车。一般情况下，电机的峰值功率和总功率的比值大于10%，代表车型有荣威750、奔驰S400Lhybird。

（3）中度混合型动力系统。

发动机和电机协作，一定程度可以实现纯电动运行。与轻度混合动力系统不同的是它采用了高压电机。具有中度混合型动力系统的车辆处于加速或者高负荷状态下，电机能够辅助驱动车轮，补充发动机本身动力输出的不足，提高了整车性能，代表车型有混动版本田雅阁、思域等。

（4）重度混合（强混合）型混合动力系统。

以发动机和/或电机为动力源，一般情况下，电机的峰值功率和总功率的比值大于30%，且电机可以独立驱动车辆正常行驶的混合动力电动汽车。该混合动力系统一般通过ECU控制传动装置实现发动机、电池或两者同时驱动车辆的切换，代表车型有丰田普锐斯、丰田卡罗拉混动版、雷凌混动版等。

（5）插电式混合动力系统。

插电式混合动力系统是一种将纯电动系统和现在混合动力系统结合的产物。车辆带有外接插入式充电系统，因此可以单独利用电机行驶较长距离，将内燃机的工作比例进一步缩小，提供更好的节油比例，但会消耗一定电能。同时，还解决了目前纯电动汽车续驶里程短的问题。插电式混合动力系统仅是一种过渡方案，代表车型有比亚迪秦、唐等。增程式电动车是在纯电动汽车的基础上开发的电动汽车。增程式混合动力汽车就是一种串联式插电式混合动力车。增程式车只用电机驱动，而不使用内燃发动机进行驱动，内燃发动机仅用来驱动发电机发电，为电池充电、驱动电机或为其他用电设备，如空调、取暖、12 V电源等提供能量，代表车型有宝马i3、雪佛兰沃蓝达等。

3）按驱动电机安装位置分类

目前混合动力汽车按照驱动电机在传动系统中的位置进行分类，包括P0、P1、P2、P3、P4和PS五种，其中P的定义就是电机的位置（position），如图2-3-8所示。

（1）P0：电机置于变速器之前，称为BSG电机，通过发动机皮带驱动BSG电机，功率较小、成本低，不能独立驱动汽车，一般作为发电机，实现自动起停，是微混车型上的混动关键部件。

（2）P1：电机置于变速器之前，称为ISG电机，安装在发动机曲轴上，在K0离合器之前，集成在飞轮上或通过齿轮与飞轮接合，与发动机刚性连接，电机和曲轴转速相等，一般替代起动机作为发电机，功率更大，支持发动机起停和能量回收，无法直接驱动汽车，仍以辅助发动机为主。

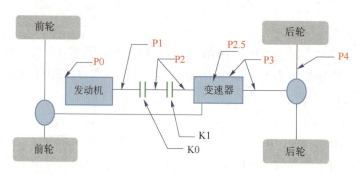

图 2-3-8　电机不同安装位置结构（Px 电机架构）示意图

K0：离合器（分离）；K1：离合器（起动）；P0：皮带驱动起动机（BSG）；P1：电机置于变速器前，与曲轴集成（ISG）；P2：电机集成于变速器输入端；P2.5：电机在变速器内部；P3：电机集成于变速器输出端；P4：后桥驱动电机

（3）P2：电机置于变速器的输入端，在 K0 离合器之后，一部分会在电机和变速器之间放置第二个离合器来断开电机与变速器的连接，电机功率可以比较大，可以通过变速器直接驱动车辆实现短距离纯电行驶，这种技术简单易行、效率不高，但是成本相对较低，高尔夫GTE、BMW530Le 都属于这种结构。

（4）P2.5：电机置于变速器内部，又称为 PS 电机。特殊的布置位置，使 P2.5 电机兼具了变速器的作用，同时也可以实现 P2 电机和 P3 电机的作用，只是 P2.5 电机在体积、制造成本与功率、扭矩两端需要权衡。整合度高，相比 P2 电机和 P3 电机效率高、结构复杂。

（5）P3：电机置于变速器的输出端，由皮带、齿轮与发动机同轴连接，通常与变速器输出轴或主减速器直接连接，功率较大，可以直接驱动车辆纯电行驶，更高效，更适合后驱车型。注重动力，而非节能，但是成本相对较低，比亚迪秦、唐属于这种结构。

（6）P4：电机置于变速器之后，位于后桥上，与发动机的输出轴分离，功率较大，可以实现纯电工况下四驱行驶，相比传统差速器更高效。通常配有 P4 电机的车型，属于性能车，一般不会单独使用。

（7）PS：PS 技术是专门为新能源汽车开发的电驱动系统，称为功率分流（Power Split）变速器，因为功率等于扭矩与转速的乘积，它能够通过电驱动系统更多自由度地调扭矩和转速，更多模式实现效率最优、动力最优。目前，PS 技术是最好的新能源电驱动技术，其内涵是通过行星排的三自由度、双电机及智能控制的互相配合，强劲、顺畅地输出动力。PS技术特征：其一是采用行星排，其二是采用双电机，其三是系统控制，三者缺一不可。丰田的 THS 技术、通用汽车的 Voltec 等采用此种技术模式，丰田汽车的 THS 技术采用了单行星排、双电机系统；通用汽车的 THS 技术采用双行星排、双电机系统，凯迪拉克汽车的 THS技术采用了三行星排、双电机电驱动系统等。

3. 混合动力汽车基本组成与工作原理

（1）混合动力汽车基本组成。混合动力汽车与传统汽车的结构类似，但更加复杂。混合动力汽车一般由发动机、动力分配装置、动力电池及管理系统、电机及控制系统组成。

（2）下面具体介绍混合动力电动汽车各工况的基本工作原理。

①起动工况。

为避免发动机怠速及低负荷工况，以减小油耗，发动机不工作，仅电机利用其低速大转矩的特性单独使汽车起动。

混合动力汽车
基本组成

②加速工况。

发动机起动后以最大效率工作驱动车辆，发动机动力不足，动力电池提供电能使电机电动助力辅助车辆加速。

③匀速工况。

低速时，电机直接驱动汽车行驶；高速时，发动机驱动，发动机按油耗最小的最优工作曲线工作，当发动机输出功率大于车辆行驶所需功率时，多余功率驱动以发电状态工作的电机发电，向蓄电池充电。

④减速或制动工况。

发动机停止喷油，燃烧停止，发动机关闭不工作。车辆和发动机的惯性力带动电机发电进行再生制动为动力电池充电。

⑤怠速起停。

可自动怠速停止，再次起动时，电机直接起动并驱动汽车行驶。

4. 混合动力系统激活（READY-ON 状态）条件

（1）踩下制动踏板时按下电源开关，可激活混合动力系统。此时，READY 指示灯一直闪烁直至完成系统检查。READY 指示灯点亮时，混合动力系统起动且车辆可以行驶。

（2）即使驾驶员将电源开关置于 ON（READY）位置，混合动力车辆控制 ECU 有时也无法起动发动机。发动机仅在如发动机冷却液温度、SOC、HV 蓄电池温度和电气负载需要起动发动机时等条件下起动。

（3）行驶后，如果驾驶员停止车辆并将换挡杆置于 P，则混合动力车辆控制 ECU 将允许发动机继续运转。发动机将在 SOC、HV 蓄电池温度和电气负载状态达到规定值后停止。

注意事项：驾驶过程中不得不停止混合动力系统时，按住电源开关约 2 s 或更长时间，或连续按下电源开关 3 次或更多次可强行停止该系统。此时，电源将切换至 ON（ACC）。

三、任务实施

1. 实施准备

认识混合动力汽车传动系统需要的具体材料如下：

（1）学材、教材：新能源汽车底盘技术学材、维修手册。

（2）实训设备：混合动力传动系统台架、混合动力汽车、举升机、车内外三件套、绝缘防护装备。

实训前提示安全注意事项：注意人身安全，防止机件碰伤身体。

2. 实施内容

（1）根据实训室车辆配置，学生分组查找混合动力汽车传动系统台架各零件，并指出零件名称、安装位置、作用与控制原理。

（2）就车检查混合动力汽车传动系统类型。

①就车检查混合动力汽车传动系统类型。

②绘制该混合动力汽车传动系统结构图。

③根据结构图按工况描述其工作过程。

（3）就车正确起动混合动力汽车，使用故障诊断仪检查车辆。

（4）复位工作。

（5）总结混合动力汽车传动系统主要组件及工作原理，完成实训工单并上交。

四、思考与练习

1. 选择题

（1）（多选题）按照混合度划分，混合动力汽车可分为（　　　）。

A. 微混合型　　　　　　　　　　　B. 轻度混合型

C. 中度混合型　　　　　　　　　　D. 重度混合（强混合）型

（2）丰田普锐斯的动力系统采用以下哪种形式？（　　　）

A. 串联式混合动力系统　　　　　　B. 并联式混合动力系统

C. 混联式混合动力系统　　　　　　D. 以上都不是

2. 判断题

（1）混合动力汽车分为串联、并联、混联三种结构形式。　　　　　　　（　　　）

（2）混合动力汽车也称为复合动力汽车，但是只有一个动力源。　　　　（　　　）

（3）混合动力指装备有两种具有不同特点驱动装置的汽车。　　　　　　（　　　）

（4）无论混合动力还是纯电动车，踩制动踏板就相当于给蓄电池充电。　（　　　）

（5）并联式混合动力系统有两套驱动系统：传统的内燃机系统和电机驱动系统。

（　　　）

五、知识拓展

中国混合动力技术的崛起

国务院办公厅发布的《新能源汽车产业发展规划（2021—2035年）》明确指出以纯电动汽车、插电式混合动力（含增程式）汽车、燃料电池汽车为三纵，布局整车技术创新链。混动技术将成为各汽车厂商的主攻方向之一，将成为市场的主流。2020年，中国汽车工程学会发布的《节能与新能源汽车技术路线图2.0》，明确指出节能汽车在未来市场的主力地位，并且重点强调了要扩大混合动力技术的应用比例：2025年混合动力要占传统能源新车的50%~60%，2035年占比达到100%。2021年，中国五大混合动力系统诞生，分别是比亚迪DM-i超级混动系统、长城DHT柠檬混动系统、吉利智擎Hi·X混动系统、长安蓝鲸iDD混动系统和奇瑞星途ET-i混动系统。

1. 比亚迪DM-i超级混动系统

2021年年初，比亚迪DM-i超级混动系统正式发布。作为国产首套混合动力系统，比亚迪 DM-i 超级混动是目前大家最认可的自主品牌混动系统，目前搭载 DM-i 混动系统的比亚迪车型有：秦 PLUS DM-i、宋 PLUS DM-i 和唐 DM-i 等。结构方面，DM-i 超级混动由三个核心部件组成：骁云-插混专用 1.5 L 高效发动机、EHS 电混系统，以及 DM-i 超级混动专用功率型刀片电池。其中，骁云发动机是首款专为插电混动车型打造的发动机，采用阿特金森燃烧循环，发动机压缩比高达 15.5，燃烧热效率更是达到 43.03%。

2. 长城 DHT 柠檬混动系统

首款搭载柠檬混动 DHT 技术的车型玛奇朵 DHT 于 2021 年 4 月份正式发布。结构方面，柠檬混动 DHT 的技术特征与本田 i-MMD 的思路类似。柠檬混动 DHT 采用的双电机+燃油机系统，动力系统综合效率可以达到 50% 以上。按照官方数据，搭载高功率版 DHT 混动系统的中级车型在城市工况下油耗为 5 L/100 km，高速油耗则为 6.5 L/100 km，整体比较省油。长城 DHT 混动系统涵盖了 1.5 L+DHT100、1.5 T+DHT130、1.5 T+DHT130+P4，同时还会提供 HEV 和 PHEV 两种方案，理论上来说，这套技术比丰田、本田的混动技术更省油、更平顺。

3. 吉利雷神智擎 Hi·X 混动系统

2021 年 10 月，吉利发布了全球动力科技品牌——雷神动力，并亮相了全新模块化混动平台雷神智擎 Hi·X。它是中国汽车品牌的第三套混合动力系统，雷神动力包含有两款混动专用发动机（DHE20 和 DHE15）、两款混动专用变速器（DHT 和 DHT Pro），能够覆盖 A0 至 C 级不同大小的车型，以及 HEV 油电混动、PHEV 插电混动和 REEV 增程混动等多种动力形式。雷神智擎 Hi·X 下的 DHE15（1.5TD）混动专用发动机，是世界首款量产增压直喷混动专用发动机，其发动机热效率高达 43.32%，超过了比亚迪骁云-插混专用 1.5T 发动机 40% 的热效率。

4. 长安蓝鲸 iDD 混动系统

目前长安 iDD 混动系统只在车型 UNI-K 上有搭载，它采用的是 P2 结构混动，由一台 1.5T 发动机+驱动电机+蓝鲸三离合电驱系统组成。另外还配备了一块容量高达 30.74 kW·h 的电池组，支持 130 km 的纯电续驶里程。总体来说，长安的 iDD 混动是常规的插混动力，采用了电池升级和部分技术优化。

5. 奇瑞星途 ET-i 混动系统

星途 ET-i 混动系统具有 3 擎 3 挡 9 模 11 速。所谓 3 擎就是一台发动机+两台电机，发动机是 1.5T 混动专用发动机，可输出最大功率 115 kW 和 230 N·m 的峰值扭矩；电机则有 P2 电机和 P2.5 电机。在四驱车型上还将搭载 P4 后桥电机，从而形成四擎四驱的动力模式。3 挡指的是采用 3 挡双离合变速器，跟吉利雷神智擎类似。目前率先搭载 ET-i 混动系统的是星途追风，综合最大功率为 240 kW，峰值扭矩为 510 N·m，百公里加速时间为 6.8 s，亏电油耗为 4.8 L/100 km。

总之，比亚迪、长城、吉利、长安、奇瑞这五个中国主流汽车品牌都有了自己的混动技术。中国自主品牌混动技术已达到国际领先水平，在国内插电混动的市场占有率也遥遥领先于外资品牌，为中国汽车工业从汽车大国走向汽车强国奠定了基础。

任务 2-4　检测混合动力汽车不传动故障

学习目标

知识目标：掌握典型混合动力传动系统组成及控制原理。

熟悉混合动力汽车不传动故障诊断流程。

能力目标：能描述混合动力汽车不传动故障诊断流程。

能检测混合动力汽车不传动故障。

素养目标：树立创新意识和安全生产意识。

培养科技自信和团队协作精神。

严格执行检测混合动力汽车不传动故障操作规范，养成严谨细致的工作习惯。

思政育人

通过拓展介绍比亚迪混合动力技术的创新发展，树立创新意识，培养学生的科技自信心和民族自豪感。

一、任务引入

小王的爱车双擎卡罗拉出现挂挡无法行驶故障，到 4S 店进行维修检查。经维修人员诊断，初步判定为电子变速杆故障，请根据此故障现象，采集相关数据信息，进行分析与检测。

二、知识链接

1. 丰田混合动力变速器驱动桥

丰田混合动力汽车的发展历程：第一代普锐斯混合动力汽车经历的时间是 1997—2003 年。1997 年，世界第一款量产的混合动力汽车普锐斯搭载第一代混合动力变速器 THS（P110）上市，主要在日本销售。搭载一台 1.5 L 汽油发动机、永磁交流电动机和 288 V 镍金属氢化物（镍氢）电池组；配备 ECVT（电控无级变速器）变速器，镍金属氢化物（镍氢）电池组作为电力源；第二代普锐斯混合动力汽车经历的时间是 2003—2009 年。普锐斯搭载第二代混合动力变速器 THS（P310），2003 年在美国和欧洲销售。普锐斯 NHW20 搭载一台 1.5 L 4 缸汽油发动机、永磁交流电动机和 500 V 镍金属氢化物（镍氢）电池组，配备 ECVT 无级变速器。虽然混合动力配置没有改变，但动力性增强了。2005 年一汽丰田长春工厂开始投产第二代普锐斯混合动力汽车，开启了中国的混合动力汽车市场，2006 年 1 月普锐斯在中国上市；第三代普锐斯混合动力汽车经历的时间是 2009—2015 年。普锐斯搭载第三代混合动力变速器 THS（P410），2009 年在美国发售。全新 1.8 L 发动机，电动传动系统依然配备了一台 ECVT 电控无级变速器。新一代普锐斯的电动机输出自 68 hp 提升至 82 hp，并将减速齿轮纳入电动机内部，从而提供更高额输出的同时，降低电动机本身的体积与质量。2012 年第三代普锐斯混合动力汽车在中国上市；第四代普锐斯混合动力汽车经历的时间是 2015 年至今。2015 年普锐斯搭载第四代混合动力变速器 THS（P610）在日本市场正式发售。发动机仍沿用 2ZR-FXE 的 1.8 L 自然吸气四缸发动机，发动机功率相比上一代普锐斯有所下降，仍配备 ECVT 电控无级变速器。配有电子百叶窗式进气格栅，热车效率明显提升，发动机热效率达到 40%。

丰田在中国上市的混合动力汽车有凯美瑞、亚洲龙、雷凌、威兰达和卡罗拉等双引擎车型。与普通发动机不同的是，丰田混动车型采用的发动机为阿特金森循环，进气门的关闭时间被延迟，因此缸内混合气被压回进气管，压缩行程小于膨胀行程，所以热效率更高，经济性好，但是低转速时效率低、扭矩欠佳。因为混动系统搭载了额外的一台驱动电机，能够弥补阿特金森循环带来的动力损失，所以市面上混动车车型大都采用了阿特金森循环发动机。

丰田将油电混合动力系统称之为"THS"，丰田混合动力变速器 THS 到目前为止推出了四代，即 THS-Ⅰ、THS-Ⅱ、THS-Ⅲ、THS-Ⅳ，分别用在不同时期的车型当中。第一代丰田混合动力系统 THS-Ⅰ，左侧为 1NZ-FXE 型 1.5 L 的汽油发动机，右侧为整套 E-CVT 的结构，MG1 电机和 MG2 电机之间有一套行星齿轮组；最终输出是通过链条传动到最终输出端。以后的三代混合动力系统也是运用这个基本设计原理。

第二代丰田混合动力系统 THS-Ⅱ，发动机仍然采用 1NZ-FXE 型 1.5 L 的汽油发动机；E-CVT 部分除了提高效率以外都是小调节为主，并没有太大的改动，依然是使用链条传动。但整个运算系统和逻辑进行了重新计算，发动机效率获得提高。

第三代丰田混合动力系统 THS-Ⅲ，与 THS-Ⅱ 相比，第三代丰田混合动力系统 THS-Ⅲ 发生了较大变化。发动机从 1NZ-FXE 型 1.5 L 改成了 2ZR-FXE 型 1.8 L，发动机功率和转矩的增加提高了车辆的动力性能。另外，增加了一个行星齿轮组；MG1 电机和 MG2 电机体积也缩小，从而缩小整个 E-CVT 的体积；链传动改为齿轮传动，传动损耗更小，因此节能效果更明显。THS-Ⅲ 也是国内最容易接触到的丰田混合动力系统，除了第三代普锐斯和雷克萨斯 CT200H 以外，国内的雷凌双擎、卡罗拉双擎也是使用 THS-Ⅲ 混合动力系统。

第四代丰田混合动力系统 THS-Ⅳ，与前三代相比，最大的区别就是原来的电机属于串联结构，现在则变成了平衡轴结构。改进后的结构采用了传统减速齿轮的方式代替 THS-Ⅲ 中 MG2 电机的行星齿轮减速结构。这样 E-CVT 整体尺寸更短、部件更少、摩擦更低、整体能效上升，且依然能保证对 MG1 的减速效果，让第四代普锐斯的纯电行驶最高车速由 70 km/h 提升到 110 km/h。

下面介绍的 P410 混合动力变速器传动桥用于第三代普锐斯、丰田卡罗拉混动版、雷凌混动版和雷克萨斯 CT200h 等车型上。丰田卡罗拉混合动力系统主要由混合动力传动桥总成、高压蓄电池组（HV 电池）、发动机总成、2 台电动发电一体机（MG1、MG2）、带转换器的变频器总成以及辅助电池等组成。各部分组成元件在车上的位置布置如图 2-4-1 所示。

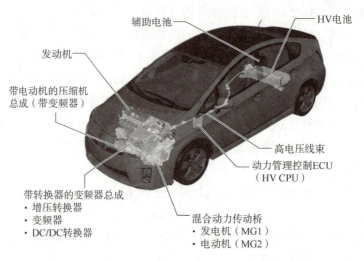

图 2-4-1　各部分组成元件在车上的位置布置

1）结构及主要部件

丰田普锐斯
驱动桥组成

丰田混合动力驱动方式将发动机、发电机和电动机通过一个行星齿轮装置连接起来，采用行星齿轮作为变速机构，可以实现电机与发动机动力分配和无级变速，行星齿轮三个部件都是独立的。丰田混合动力变速器传动桥主要包括变速器传动桥减震器、电动机/发电机 MG1、电动机/电动机 MG2、复合行星齿轮机构（包括动力分配行星齿轮机构和电动机减速行星齿轮机构）、中间轴齿轮机构、差速器齿轮机构和油泵，如图 2-4-2 所示。

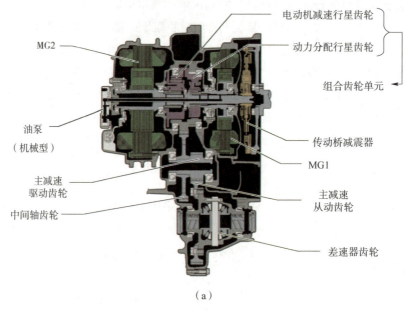

（a）

图 2-4-2　P410 变速器传动桥总成与主要组成结构

（a）传动桥总成

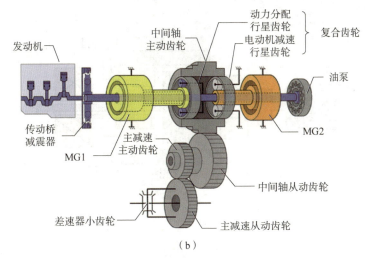

图 2-4-2　P410 变速器传动桥总成与主要组成结构图（续）

（b）主要组成结构

（1）复合行星齿轮机构。

复合行星齿轮机构包括动力分配行星齿轮机构和电动机减速行星齿轮机构，各行星齿圈与复合齿轮集成一体。该复合齿轮还有中间轴主动齿轮和驻车挡齿轮，如图 2-4-3 所示。

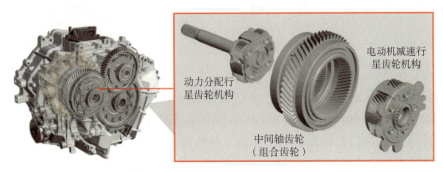

图 2-4-3　复合行星齿轮机构结构图

动力分配行星齿轮机构由齿圈、行星齿轮、太阳轮及行星架组成。它将发动机传输的功率分为两部分：一部分用来直接驱动汽车；另一部分用来驱动 MG1 发电，所以 MG1 可作为发电机使用。作为动力分配行星齿轮机构的一部分，太阳轮与 MG1 相连，行星架连接到发动机输出轴上，齿圈通过中间轴齿轮与主减速器相连，如图 2-4-3 所示。

电动机减速行星齿轮机构位于 MG2 和动力分配行星齿轮之间，用于降低 MG2 的转速，以增加转矩。在此减速行星排中，行星架固定，太阳轮与 MG2 相连，齿圈与动力分配行星排的齿圈相连。MG2 的动力经过减速器行星排降速增矩后，也通过中间轴齿轮向主减速器输出，如图 2-4-4 所示。

太阳轮、齿圈和行星齿轮架的连接情况如图 2-4-4 所示，齿轮组连接情况如表 2-4-1 所示。

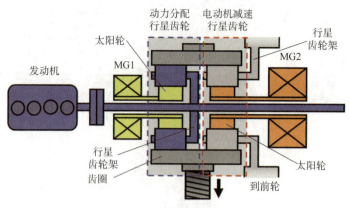

图 2-4-4　复合行星齿轮组连接

表 2-4-1　齿轮组连接情况

复合行星齿轮机构		连接情况
动力分配行星齿轮机构	太阳轮	MG1
	齿圈	复合齿轮（到车轮）
	行星架	发动机输出轴
电动机减速行星齿轮机构	太阳轮	MG2
	齿圈	复合齿轮（到车轮）
	行星架	固定

（2）MG1 和 MG2。

丰田混合动力系统的电动机 MG1、MG2 是交流同步电动机。该装置一直可高效地产生高扭矩，同时可任意控制转数和产生的扭矩。另外它还拥有小型、轻量、高效等特点，具有优秀的动力性能，可进行顺畅地起动、加速等各种操作。MG1 主要用于调速，MG2 主要作为驱动电机，2 个电机均可以作为发电机和电动机，如图 2-4-5 所示。

MG1 作为电动机，起动发动机，把发动机从静止拖动到 1 000 r/min 左右，然后发动机喷油点火；在发动机有轴功输出时，MG1 正转，作发电机，对电池充电和对 MG2 供电；MG1 反转时，则作为电动机，消耗电能。若 SOC 低时，MG2 则为发电机，对电池充电和对 MG1 供电，这种模式一般发生在等速巡航时。通过调节 MG1 的转速来实现发动机在某个高功率点运行，随车速的变化，调节 MG1 的转速，实现行星齿轮无级减速功能。

MG2 在 EV 模式运行时，作为电动机，可以独立驱动汽车；汽车加速和需要辅助功率时，可以作为电动机；汽车中等速度巡航时，发动机输出功率较低，MG1 反转作电动机，MG2 作发电机，对电池充电和对 MG1 供电；汽车制动时可以发电；倒车时，可以反转驱动汽车。

（3）传动桥减震器。

为了吸收发动机传递的转矩振动，丰田变速器传动桥采用具有低扭转特性的干式、单片摩擦材料制成的减震器总成，刚度较小的螺旋弹簧，提高了弹簧的减振性能，如图 2-4-6 所示。

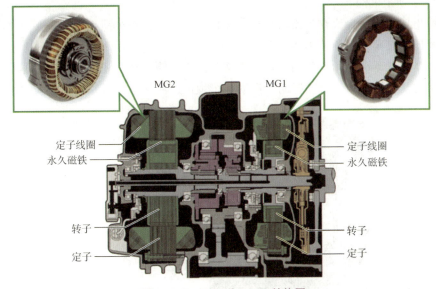

图 2-4-5　MG1 和 MG2 结构图

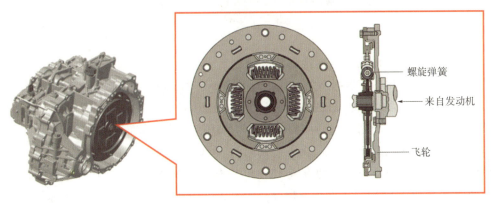

图 2-4-6　传动桥扭转减震器结构图

（4）油泵。

丰田变速器传动桥油泵主要有两种类型：机械油泵和电子油泵（GS450 h 和 LS600 h）。丰田卡罗拉采用的是机械油泵。发动机通过主轴驱动油泵来润滑齿轮。油泵由油泵主动轴、油泵主动齿轮、油泵从动齿轮和油泵盖组成，如图 2-4-7 所示。

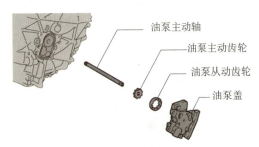

图 2-4-7　机械油泵

（5）驻车锁止机构。

驻车锁止执行器结合或脱开传动桥驻车锁止机械机构，驻车锁止机构主要由驻车锁止杠杆、驻车锁杆、驻车锁爪和驻车挡齿轮，如图 2-4-8 所示。驻车锁爪和驻车挡齿轮与复合齿轮集成一体，驻车锁爪和驻车挡齿轮用来结合锁止车辆移动。驻车锁止执行器旋转驻车锁止杠杆以滑动驻车锁止，驻车锁杆向上推动驻车锁爪，使驻车锁爪和驻车挡齿轮结合。

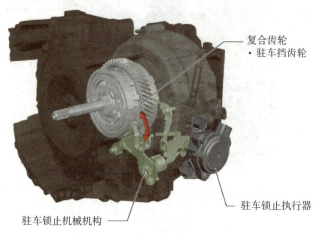

图 2-4-8　驻车锁止机构结构图

2）丰田 P610 混合动力变速器传动桥

国内销售的从 2018 款卡罗拉双擎和雷凌双擎开始，均搭载 P610 混合动力变速器传动桥。E-CVT 变速器是丰田混动系统 THS 的核心。每一次丰田新混动系统车型的推出，都会在 E-CVT 变速器上进行优化。变速器型号由 P410 变为 P610，变速器内布局也发生了巨大变化。

P610 变速器原理与 P410 相同，但是发动机与 MG1 电机被分别布局在动力分配行星齿轮组的两侧；原来布局 MG2 电机的地方被 MG1 电机取代，MG2 电机被布局在主减速齿轮的下部，从而导致了 MG1 与 MG2 不同轴的情况，如图 2-4-9 所示，因此，P610 变速器已经不再需要向 P410 那样通过单独与 MG2 集成的行星齿轮减速器，而是通过减速齿轮实现变速。

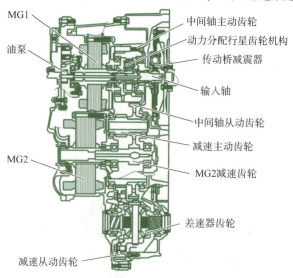

图 2-4-9　P610 变速器传动桥总成图

总之，P610 变速器的结构发生简化，缩小了变速器的横向体积，简化了 MG2 减速机构，传动效率提升。MG2 电机可以更直接将动力传递给驱动轮，而发动机的动力也可以更快捷地实现动力的传输与分配。

2. 换挡控制组成及原理

换挡控制组成包括换挡杆位置传感器、P 位置开关、驻车锁止执行器、动力管理控制 ECU 和变速器控制 ECU 等部件。

（1）换挡杆位置传感器：将换挡杆位置转换为电信号将信号输出至混合动力车辆控制 ECU。

（2）P 位置开关：P 位置开关打开时，检测驾驶员进行驻车锁止的意图，并将信号发送至混合动力车辆控制 ECU。

（3）驻车锁止执行器：驻车锁止执行器结合或解除传动桥驻车锁止机构。

（4）动力管理控制 ECU：根据挡位传感器提供的信号控制 MG1、MG2 工作状态和发动机转速，调整车辆行驶状态以适应所选挡位。

（5）变速器控制 ECU：通过 HV ECU 提供的信号检测驾驶员是否按下驻车开关，激活驻车锁止执行器，通过机械锁止机构锁止变速驱动桥。

由变速器控制 ECU 控制驻车锁止执行器，采用电子通信变速系统。变速器换挡总成内的挡位传感器能检测挡位（R、N、D、P）并发送信号到 HV ECU。HV ECU 控制发动机、MG1、MG2 的转速，从而产生最佳齿轮速比。换挡后，当驾驶员的手离开选挡杆手柄时，手柄会回到原位，驾驶员甚至可以用指尖操作手柄，极其便利。图 2-4-10 所示为控制系统部件位置。

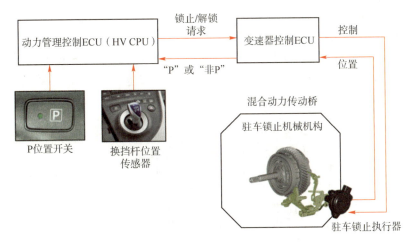

图 2-4-10　控制系统部件位置

丰田混合动力系统的控制策略是当车辆出发，且以低速运行时，MG2 提供主要的原动力。若高压蓄电池处于低荷电状态，则发动机可立即起动。当车速增加至 24～32 km/h 时，发动机将起动运转；在正常情况下行驶时，发动机功率分配为两个功率流通路：一部分驱动车轮，另一部分驱动 MG1 产生电能。为获得最大的运行效率，HV ECU 将控制该能量分配的比例；在全加速期间，功率除由发动机提供外，还从高压蓄电池供电给 MG1 得到增补的

功率。从而，发动机转矩与 MG2 转矩相组合，提供加速车辆所需的功率；在减速或制动期间，车轮驱动 MG2，MG2 将呈现为发电机功能，用于回收再生制动能量。从制动中回收的能量被储存在高压蓄电池组合之中。

混合动力汽车动
力系统工作原理
（丰田普锐斯）

3. 丰田混合动力系统的工作原理

丰田混合动力系统是低油耗、低排放、加速良好和运行稳定的传动系统。根据行驶状况的不同，汽车可以最大限度地适应不同路况，稳定运行，有以下几个工作状态：

1）起动工况

车辆起步时，充分利用电动机起动时的低速扭矩，车辆仅使用由 HV 蓄电池提供能量的电动机 MG2 的动力起动，此时发动机保持静止状态，而车辆驱动力仅由 MG2 提供。MG2 带动齿圈正转，通过减速器驱动车轮。MG1 不参与工作，被动旋转。因发动机不能在低速区间输出大扭矩，而电动机可以灵敏、顺畅、高效地起动车辆，如图 2-4-11 所示。

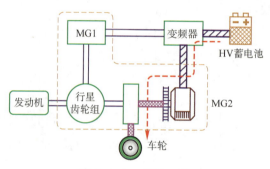

图 2-4-11　起动工况

2）汽车起步后起动发动机

如果需要增加驱动转矩，MG1 将起动发动机。同样，如果 HV ECU 监视过程中，如 SOC 状态、蓄电池温度、冷却液温度与规定值有偏差，发电机 MG1 也将被起动，进而起动发动机，保证车辆正常运行状态，如图 2-4-12 所示。

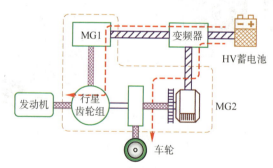

图 2-4-12　汽车起步后起动发动机

3）发动机微加速工况

在微加速时，发动机在低速区工作，以电动机 MG2 电动模式为主，驱动车辆。发动机的动力由行星齿轮组分配，其中一部分直接输出，剩余动力用于发电机 MG1 发电，通过变频器传输到电动机 MG2 用于输出动力，车辆驱动力由发动机和 MG2 提供，如图 2-4-13 所示。

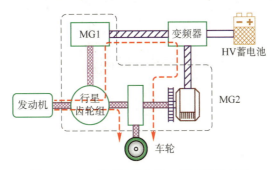

图 2-4-13　发动机微加速、低速巡航工况

4）低速巡航工况

车辆以发动机小负荷巡航时，这一运行模式与借助于发动机的轻微加速模式相似。发动机的动力由行星齿轮组分配。其中一部分动力直接输出，剩余动力用于发电机 MG1 发电，通过变频器传输到电动机 MG2 用作输出动力，如图 2-4-13 所示。

5）全加速工况

车辆从低负荷巡航转换为节气门全开加速模式时，动力系统将在保持电动机 MG2 动力基础上，增加高压蓄电池的电动力。在加速期间，电动机 MG2 提供附加的驱动力补充发动机动力，MG1 处于发电机运行状态，给电动机 MG2 供电。此时，高压蓄电池也会根据加速的程度给电动机 MG2 提供电能，而其荷电状态下降，如图 2-4-14 所示。

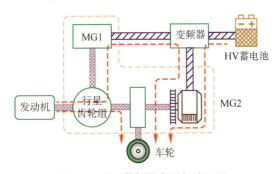

图 2-4-14　节气门全开加速工况

6）减速或制动工况

当车辆以"D"挡减速或制动时，发动机关闭。MG2 为发电模式，并由驱动轮带动且发电，向高压蓄电池充电。MG1 不参与工作，被动旋转，如图 2-4-15 所示。

当车辆以"B"挡减速时，车轮驱动电动机 MG2，使电动机 MG2 作为发电机工作并为高压蓄电池及 MG1 供电。这样 MG1 保持发动机转速并施加发动机制动，如图 2-4-16 所示。此时，发动机燃油供给被切断，实现被动运转的制动作用。

7）倒车工况

当车辆倒车时，仅由电动机 MG2 为车辆提供动力。MG2 电动机正向旋转，带动齿圈反

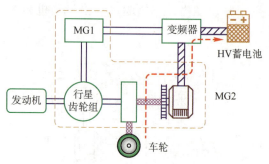

图 2-4-15 D 挡减速工况

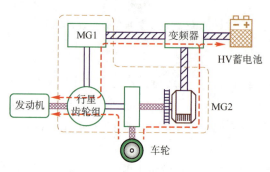

图 2-4-16 B 挡减速工况

向旋转。发动机不工作，发电机 MG1 正向被动旋转但不工作，如空转一样，如图 2-4-17 所示。

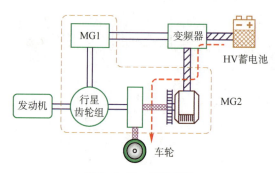

图 2-4-17 倒车工况

8）停车工况

在停车时，发动机、电动机、发电机全部自动停止运转，不会因怠速而浪费能量。当高压蓄电池的充电量较低时，发动机将继续运转，以给 HV 蓄电池充电；另外有时因与空调开关连动，发动机会仍保持运转。

三、任务实施

1. 实施准备

检测混合动力汽车不传动故障需要的具体材料如下：

（1）学材、教材：新能源汽车底盘技术学材、维修手册。

（2）实训设备：丰田混合动力传动系统实训台架、丰田混合动力汽车、举升机、组合工具，故障诊断仪。

实训前提示安全注意事项：注意人身安全，防止机件碰伤身体。

2. 实施内容

（1）根据实训室车辆配置，学生分组查找丰田混合动力变速器组件，并指出零件名称、安装位置、作用。

（2）确认故障现象。

打开起动开关，仪表上故障警告灯点亮，车辆无法行驶，踩加速踏板没有反应。

（3）执行高压断电作业

关闭起动开关，断开蓄电池负极电缆，等待 5 min 以上，断开直流母线，使用万用表验电，确保母线电压低于 50 V。

（4）利用故障诊断仪诊断故障。

测量蓄电池电压为正常后，连接故障诊断仪，打开起动开关，进入车辆诊断系统，读取整车数据后，读取故障码与数据流。车辆下电后，清除故障码，再次上电后，使用故障诊断仪再次读取故障码，查看相关电路图，分析故障原因。

（5）故障检测。

①将换挡杆置于 P 挡。

读取数据流，确定换挡杆位置传感器的状态，正常情况下换挡位置传感器（PNB、PR、P）应接通，换挡位置传感器（DB1、DB2、N、R）应断开。

②将换挡杆置于 R 挡。

读取数据流，确定换挡杆位置传感器的状态，正常情况下换挡位置传感器（PR、R）应接通，换挡位置传感器（PNB、DB1、DB2、N、P）应断开。

③将换挡杆置于 N 挡。

读取数据流，确定换挡杆位置传感器的状态，正常情况下换挡位置传感器（PNB、N）应接通，换挡位置传感器（PR、DB1、DB2、R、P）应断开。

④将换挡杆置于 D 挡。

读取数据流，确定换挡杆位置传感器的状态，正常情况下换挡位置传感器（DB1、DB2）应接通，换挡位置传感器（PNB、PR、R、P）应断开。

⑤将换挡杆置于 B 挡。

读取数据流，确定换挡杆位置传感器的状态，正常情况下换挡位置传感器（PNB、DB1、DB2）应接通，换挡位置传感器（PR、R、P）应断开。

（6）复位工作。

（7）总结丰田混合动力汽车变速器主要组件及混合动力汽车不传动故障诊断流程，完成实训工单并上交。

四、思考与练习

1. 选择题

（1）丰田普锐斯混合动力汽车采用的变速器是（　　）。

A. DCT　　　　　　　B. AT　　　　　　　C. CVT　　　　　　　D. E-CVT

（2）从以下陈述中选择一个正确答案描述 E-CVT。（　　）

A. E-CVT 的构造和 CVT 相同

B. E-CVT 有一个电机和离合器

C. E-CVT 有一个电机、一个发电机和离合器

D. E-CVT 有一个电机和一个发电机

（3）丰田普锐斯混合动力变速器中电机 MG1 连接的是（　　）。

A. 齿圈　　　　　　　B. 太阳轮　　　　　　C. 行星架　　　　　　D. 行星齿轮

2. 判断题

（1）丰田普锐斯混合动力变速器（THS）是功率分流型变速器（PS）。（　　）

（2）功率分流型变速器 PS 技术特征：其一是采用行星排，其二是采用双电机，其三是系统控制，三者缺一不可。（　　）

（3）丰田普锐斯混合动力变速器 THS 第三代混合动力系统为链条传动。（　　）

（4）丰田普锐斯混合动力汽车变速驱动桥由行星齿轮机构、变速驱动桥减速器、MG1 和 MG2、减速装置、差速器齿轮装置和润滑装置等组成。（　　）

（5）丰田普锐斯混合动力变速器中电机 MG1 是发电机兼起动机。（　　）

五、知识拓展

比亚迪混合动力技术的创新

1. 比亚迪混合动力技术发展史

国内最早研究混合动力技术并且将混动车型投入市场的是深耕"三电"领域多年的比亚迪。从 2008 年第一代 DM 混合动力技术诞生起，DM 是"双模"（DualMode 缩写，即 EV 纯电动与 HEV 混动动力两种模式），也是比亚迪插电式混合动力车型名称上会带着的标识。如今，比亚迪的 DM 混动技术也已经发展到了第四代。

第一代插电式混合动力车型 F3DM，如图 2-4-18 所示，采用集成式混动系统直接将电动机与变速器结合。第一代的 DM 系统采用经典的 P1+P3 的电机组合，可以实现纯电、增程、混动、直驱 4 种驱动方式。由于输出轴和主减速器之间采用链传动，所以成本高、易磨损、传动平稳性差，而且受制于当时的技术和成本，电机功率偏小，动力上限较低，车型售价还非常高，2008 年搭载第一代 DM 混动系统的 F3DM 的售价要比燃油版贵了 8 万元。虽然有很多缺陷，第一代 DM 系统却有着非常重要的意义，它比本田 i-MMD 混动早了 4 年，是整个混动汽车行业的里程碑，也影响了比亚迪的未来。

图 2-4-18　比亚迪第一代混合动力汽车 F3DM

2013 年比亚迪唐 DM 制定了"542"战略（百公里加速 5 s，全时四驱，百公里油耗 2 L）。这一年第二代 DM 混动系统诞生，第一代产品主要理念是节能减排，第二代的 DM 系统主要理念是追求性能，把第一代的 P1+P3 组合改成了 P3+P4 组合，采用了基于 P3 电机为核心的并联式混动框架，整体结构更为简单，P3 的电机放置在变速器的输出轴，也是电机的动力直接驱动车轮，动力传递不再经过变速器，更好地实现了大功率电机的布置问题，整套混动系统是 P3 电机+P4 电机+发动机的组合，比亚迪的"三擎四驱"至此诞生。最大的优点就是可以实现四驱模式。但是第二代 DM 系统，最大的缺点就是过分依赖电池，缺少 P0 或者 P1 电机，也没有发电机持续供电，无法长时间维持混动模式，导致燃油经济性并不理想。首款搭载此套系统的比亚迪秦和首款混动 SUV 比亚迪唐，通过 1.5T 发动机、6 速干式 DCT 变速器（DT35）和大功率电机的配合，电机通过齿轮和 DCT 的输出轴相连，在秦 DM 上就有了 217 kW 的综合输出，以及 5.9 s 的百公里加速成绩。

2018 年第三代 DM 技术是对第二代系统的升级，新增了一个 P0 端的 25 kW 的大功率 BSG 电机，同时 BSG 位于皮带端，发动机带动 BSG 电机发电效率更高，通过小功率范围内的串联，弥补了第二代系统耗电量高和低电量下耗油高、动力弱的不足。BSG 电机拥有更大的功率可以快速拖动内燃机到任意指定转速，使整车驾驶平顺性大为提升。搭载此套系统的比亚迪秦 Pro DM 动力性更加强劲，但油耗较高。并推出了 P0+P3 的双擎前驱、P0+P4 的双擎四驱以及 P0+P3+P4 的三擎四驱，至此比亚迪的 DM 系统发展成型。

2021 年比亚迪推出第四代 DM-i 插电式混合动力系统，与第一代 DM 类似，也是 P1+P3 的结构，P0 和 P1 在混动架构中并不属于驱动电机，DM-i 的 P1 用来发电，P3 用来驱动，所以叫作单电机，但是 DM-i 相比于第一代 DM，增加了电机功率、增大了电池的容量、匹配了骁云 1.5 T 插混专用发动机和 EHS 混动专用变速器，最终实现"多用电、少用油"的效果，可以实现纯电、串联、并联和发动机直驱。搭载此套系统的比亚迪秦 PLUS DM，目标高性能、低油耗，满足对动力需求不强，追求更低行车油耗的用户。在保持 BSG 的同时，继续优化整套混动系统的控制逻辑和综合性能。

2022 年发布了 DM-p 系统，DM-i 被称为超级混动，其优点是省油经济，而 DM-p 被称为王者混动，其优点是高性能。通过在后轴布置了一个 200 kW 功率的电机，构成了 P0+P3+P4 的三擎四驱架构，不仅实现了电动四驱，也大幅提升了车辆的动力性能。DM-p 可以看作是 DM-i 系统的高性能分支，而之前 2.0T 的唐 DM 四驱版本，虽然混动架构一样都是三擎四驱，但它们在传统发动机上有很大的区别，DM-p 采用 1.5T+EHS，而唐 DM 采用 2.0T+6HDCT，更像是 DM3.0 系统的延续。比亚迪汉 DM-p 版本百公里加速仅需 3.7 s，唐 DM-p 百公里加速 4.3 s。比亚迪通过近 20 年的技术积累，DM 混动系统日趋成熟，在竞争激烈的新能源市场销量大增。

2. 比亚迪 DM-i 混动系统变速器

2021 年比亚迪推出第四代 DM-i 插电式混合动力系统，与第一代 DM 相比，增加了电机功率、增大了电池的容量、匹配了骁云 1.5T 插混专用发动机和 EHS 混动专用变速器，如图 2-4-19 所示。

图 2-4-19　EHS 混动专用变速器

比亚迪混动专用变速器称为 EHS 系统，EHS 系统是 DM-i 超级混动的核心，它是 DM-i 超级混动实现"以电为主"动力架构的关键部件，采用"大功率电机驱动+大容量动力电池供能为主、发动机为辅"的电混架构。不同于传统变速器只是作为传动机构的作用，EHS 电混系统是兼顾了驱动、传动以及功率分流的高效集成。EHS 电混系统采用七合一高度集成化设计（双电机+双电控+直驱离合器+单挡减速器+油冷系统），可以实现 EV、串联、并联、直驱等多种驱动模式，能量损失更小，能效更高，因此称为"ECVT"，其中"E"代表"电动"，下面主要介绍 EHS 混动专用变速器的结构与工作原理。

1）结构

比亚迪 DM-i 混动系统的结构为串并联双电机结构，与本田的 i-MMD 混动系统相似，但是比亚迪在控制逻辑、电机集成度上是要更加的先进一些。EHS 系统单挡直驱变速器由一台发动机、一台驱动电机、一套离合器组成，不是传统意义的变速器结构，大部分工况下由电机进行驱动，是一个以电为主的混动技术，如图 2-4-20 和图 2-4-21 所示。第四代比亚迪 DM-i 混动系统将两个能达到 16 000 r/min 的高速电机并列放置，发电机直接连发动机，通过离合器与减速器齿轮相连，驱动电机直接通过减速齿轮与减速器相连，从而将整个混动专用变速器的体积减小了约 30%，同时减轻了约 30% 的质量。

图 2-4-20　EHS 混动专用变速器主要组成

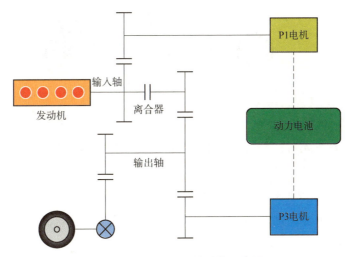

图 2-4-21　EHS 系统结构示意图

2）EHS 系统版本

根据驱动电机的功率大小，目前 EHS 系统有三个版本：

（1）EHS132：发电机峰值功率为 75 kW，驱动电机峰值功率为 132 kW；

（2）EHS145：发电机峰值功率为 75 kW，驱动电机峰值功率为 145 kW；

（3）EHS160：发电机峰值功率为 90 kW，驱动电机峰值功率为 160 kW。

将三个版本 EHS 系统适配到车型上时，采用不同的骁云发动机，EHS132 和 EHS145 采用 1.5 L 骁云发动机；EHS160 采用骁云 1.5T 发动机。

3）工作原理

EHS 系统工作原理按照第一代 DM 混动系统以"电驱动为中心"的理念进行了优化。发动机直连发电机（P1 电机或 ISG 电机），通过离合器与减速齿轮相连，最终功率流向输出轴。而驱动电机（P3 电机）直接通过减速齿轮，最终功率同样流向输出轴，效率更高、更省油。比亚迪 DM-i 混动系统常见的工作模式如下：

（1）纯电模式。

在起步与低速行驶时，EHS 电混系统在 EV 纯电模式下，驱动电机由动力电池供能驱动车辆。此时，整车的驾驶质感更像是一辆电动汽车，动力输出轻快、静谧平顺，并且能耗表现超低，如图 2-4-22 所示。

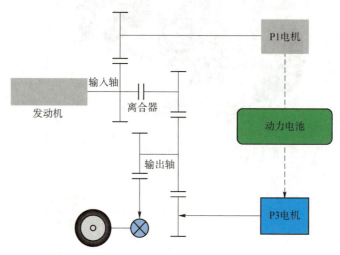

图 2-4-22　纯电模式行驶时的动力传输图

（2）串联模式。

发动机带动发电机发电，通过电控将电能输出给驱动电机，直接用于驱动车轮。在中低速行驶或者加速时，若 SOC 值较高，则整车控制策略会将驱动切换为纯电模式，发动机停机。若 SOC 值较低，则控制策略会使发动机工作在油耗最佳效率区，同时将富余能量通过发电机转化为电能，暂存到电池中，实现全工况使用不易亏电，如图 2-4-23 所示。

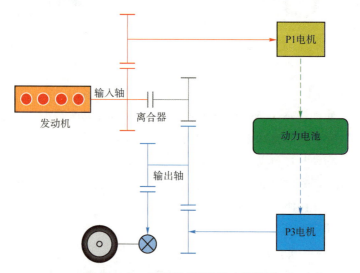

图 2-4-23　串联模式下的动力传输图

（3）并联模式。

当整车行车功率需求比较高时（比如高速超车或者超高速行驶），发动机会脱离经济功率，此时控制系统会让电池在合适的时间介入，提供电能给驱动电机，与发动机形成并联模式，如图 2-4-24 所示。

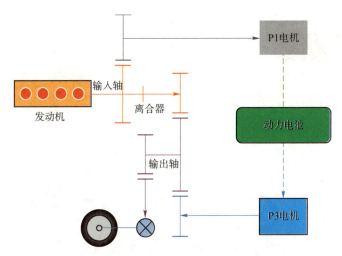

图 2-4-24　并联模式下的动力传输图

（4）动能回收模式。

当汽车制动时，动能通过驱动电机进行回收，如图 2-4-25 所示。

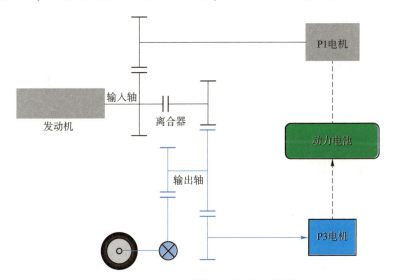

图 2-4-25　动力回收模式下的动力传输图

（5）发动机直驱模式。

在高速巡航的时候，通过 EHS 系统内部的离合器模块将发动机动力直接作用于车轮，将发动机锁定在高效率区，同时，为了避免发动机能量的浪费，发电机和驱动电机随时待命，在发动机功率有富余时，及时介入将能量转化为电能存储在电池中，提高整个模式内能量利用率，如图 2-4-26 所示。

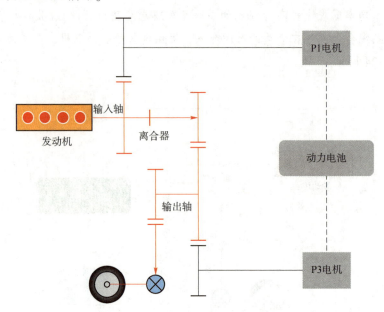

图 2-4-26　发动机直驱模式下的动力传输图

项目三　新能源汽车行驶系统

 项目描述

　　新能源汽车行驶系统的作用、结构与传统燃油车基本相同，主要由车架、车桥、悬架和车轮组成。本项目主要介绍新能源汽车行驶系统相关的电控技术，该项目包括三个任务：

　　任务 3-1　检测电子控制悬架系统

　　任务 3-2　检测胎压监测系统

　　任务 3-3　检测巡航控制系统

任务 3-1　检测电子控制悬架系统

学习目标

　　知识目标：掌握电控悬架功能和类型。

　　　　　　　　了解电控空气悬架的组成及控制原理。

　　　　　　　　熟悉电控空气悬架各元件的功能和结构。

　　能力目标：能调节电控悬架系统。

　　　　　　　　能检测、分析电控悬架系统。

　　素养目标：树立自主学习意识和安全生产意识。

　　　　　　　　培养创新思维和团队协作精神。

　　　　　　　　严格执行电控悬架系统操作规范，养成严谨细致的工作习惯。

思政育人

通过介绍电控空气悬架发展史和中国空气悬架系统发展状况，培养学生的创新精神，努力奋斗，探索新技术。

一、任务引入

一辆奥迪 A8 汽车采用电子控制悬架系统（简称电控悬架系统），最近使用过程中车身高度无法调节，按下模式按钮后，车身高度不会随车速改变而变化，请根据此故障现象，采集相关数据信息，进行分析与检测。

二、知识链接

1. 电子控制悬架认知

悬架是汽车车身（或车架）与车轮（或车桥）之间连接和传递动力的装置，汽车前桥和后桥的全部载荷通过悬架作用在车轮上，如图 3-1-1 所示。

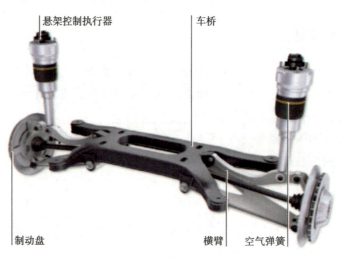

图 3-1-1　电控悬架位置图

传统悬架通常由弹性元件、减震器和导向机构组成，其特点是采用固定刚度弹簧和固定阻尼系数减震器，只能被动承受地面对车身的各种作用力，也称为被动悬架系统。汽车行驶的平顺性和操纵稳定性是衡量悬架性能好坏的主要指标，但两者性能要求又相互矛盾。如为使车身加速度减慢，降低弹簧刚度，可提高汽车平顺性，但会降低汽车操纵稳定性；增加弹簧刚度会提高汽车操纵稳定性，但会使平顺性降低。汽车在行驶过程中其载质量、路面情况及车速是变化不定的，因此，这种刚度和阻尼都不可调节的被动悬架，不可能在改善车辆的平顺性和稳定性等方面达到性能最优。传统悬架已不能适应现代汽车对乘坐舒适性和操纵稳定性的更高要求。

电子控制
悬架认知

新能源汽车和传统燃油车一样，越来越多采用电子控制悬架系统。电子控制悬架系统（Electronic Modulated Suspension，EMS）以 ECU 作为控制核心，对汽车悬架系统参数（包括弹簧刚度、悬架阻尼和车身高度等）实行适时控制适应汽车不同的载重质量、不同的道路条件以及不同的行驶工况的需要，已相继应用于一些中高级轿车和大型客车上，电子控制悬架性能总是趋向于保持最佳状态，从而满足汽车行驶操纵稳定性和平顺性等方面的要求。

2. 电控悬架的功能

通过控制调节悬架的刚度和阻尼力，使汽车的悬架特性与道路状况和行驶状态相适应。基本功能为车高调节控制、减震器阻尼力控制、弹簧刚度控制。具体控制功能如下：

1）车身高度控制

当乘客和载重质量变化时，仍保持车身高度恒定。当汽车在坏路面上行驶时，可以提高车身高度，以提高汽车通过性；当汽车高速行驶时，可以降低车身高度，以减少空气阻力，提高汽车操控稳定性。驻车时，当点火开关关闭后，降低车身高度，便于乘客乘降。

2）减震器阻尼力控制

急转向时，提高弹簧刚度和减震器阻尼来抑制车身侧倾。紧急制动时，提高弹簧刚度和减震器阻尼来抑制车身点头。急加速时，提高弹簧刚度和减震器阻尼来抑制车身后坐。

（3）弹簧刚度控制

与减震器控制一致。当车速高时，提高弹簧刚度和减震器阻尼，以提高汽车高速行驶时的操纵稳定性。当前轮遇到突起时，减小后轮悬架弹簧刚度和减震器阻尼，以减小车身的振动和冲击。当路面差时，提高弹簧刚度和减震器阻尼来抑制车身振动。电控悬架详细功能如表 3-1-1 和表 3-1-2 所示。

表 3-1-1　车身高度控制

控制项目	控制功能
自动高度控制	不管乘客和行李质量情况如何，汽车高速保持某一个恒定高度位置，操作高度控制开关能使汽车的目标高度变为"正常"或"高"的状态
高车速控制	当高度控制开关位于"height（高）"位置时，汽车高度会降低到"正常"状态，从而改善车速行驶时空气动力学和稳定性
驻车控制	当点火开关关闭后，因乘客质量和行李质量变化而使汽车高度变为高于目标高度时，能使汽车高度降低到目标高度，从而改善汽车驻车时的姿势

表 3-1-2　弹簧刚度和减震器阻尼力控制

行驶情况	控制状态	控制功能
起步和加速	弹簧变硬	抑制汽车后坐
不平坦路面	弹簧变硬或阻尼中等	抑制汽车上下跳动，改善汽车行驶的乘坐舒适性
转弯/倾斜路面	弹簧变硬	抑制侧倾，改善操纵稳定性
高速	弹簧变硬或阻尼中等	改善汽车高速时操纵稳定性
制动	弹簧变硬	抑制汽车制动前倾（点头）

因此，现在的电控悬架系统大多数均有车高调节、悬架刚度和减震器阻尼力有级转换控制的功能，最大限度地改善汽车的乘坐舒适性和操纵稳定性。

3. 电控悬架的类型

1）按控制方式分类

根据控制系统是否具有动力源：可分为主动悬架和半主动悬架。

（1）主动悬架的各种性能都优于半主动悬架和被动悬架。主动悬架又分为空气弹簧悬架和油气弹簧悬架两种形式。主动悬架根据汽车的运动状态和路面情况，主动调节悬架系统的刚度、减震器阻尼力、车身高度和姿态，使悬架始终处于最佳状态。现代高级轿车广泛采用主动悬架。这种主动调节需要动力源提供能源并消耗能源，结构复杂、成本高。

（2）半主动悬架只能对减震器的阻尼力进行调节，其结构简单，除驱动电磁阀外无须动力源提供动力，成本低、耗能低。

2）按悬架系统结构分类

根据传力介质的不同，可分为电控空气悬架系统和电控液压悬架系统。

（1）电控空气悬架系统的介质为空气，利用压缩空气充当弹簧作用，通常是用改变主、副空气室的通气孔的截面积来改变气室压力，以实现悬架刚度控制，并通过对气室充气或排气实现汽车高度控制。弹簧的刚度和车身高度是根据汽车行驶状况自动控制的，减震器阻尼力控制与汽车行驶车身姿态的变化相适应。

（2）电控液压悬架系统指油气式主动悬架，其悬架的介质为油和气，通常是以油液为媒体，将车身与车轮之间的力和力矩传送至气室中的气体，按照气体 p-V 状态方程规律，实现悬架的刚度控制，并通过改变油路小孔的节流作用实现减震器阻尼控制。它能根据传感器信号，利用液压部件主动地控制汽车振动。

4. 电控空气悬架的组成

空气悬架是一种可调节式的车辆悬架。空气悬架用空气压缩机形成压缩空气，并将压缩空气送到弹簧和减震器的空气室中，以此来改变车辆的高度。电控空气悬架由传感器与开关、电子控制单元、执行器三部分组成。图 3-1-2 所示为电控空气悬架总体结构。

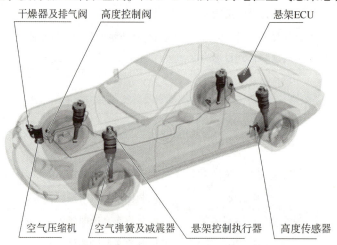

图 3-1-2　电控空气悬架总体结构

1）传感器与开关

传感器的作用是将汽车行驶的速度、加速度、起动、转向、制动和路面状况、车身振动状况、车身高度等信号传送给电子控制单元。电控悬架常使用的传感器有：加速度传感器、车身高度传感器、车速传感器、转向盘转角传感器、车门传感器和控制开关等。

（1）车身加速度传感器。其安装在转向节或轴头上，用来准确地测量出汽车的纵向加速度及横向加速度，并将信号输送给ECU，使ECU能够调节悬挂系统的阻尼力大小及空气弹簧的压力大小，以维持车身的最佳姿势。图3-1-3所示为奥迪A8车身加速度传感器。

（2）车身高度传感器。其安装在车身与车桥之间，检测汽车行驶时车身高度的变化情况，并转换为电信号输入悬挂系统的电子控制单元，可反映汽车的平顺和车身高度信息。图3-1-4所示为奥迪A8车身高度传感器。

图3-1-3　奥迪A8车身加速度传感器

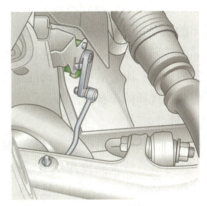

图3-1-4　奥迪A8车身高度传感器

（3）车速传感器。其安装在车轮上，检测汽车速度并将信号传递给ECU，与转向盘信号计算出车身侧倾程度，来调节悬架的阻尼力。

（4）转向盘转角传感器。其安装在转向轴上，用来检测转向盘的中间位置、转动方向、转动角度和转动速度，并把信号输送给悬架ECU，ECU根据该信号和车速信号判断转向的程度，从而控制车身的侧倾。

（5）车门传感器。其安装在关门的门扣上，用来检测判断车门开关状态变化，为悬架ECU提供相应的信号。

（6）制动灯开关。

制动灯开关的功用是当踩下制动踏板时，制动灯开关便接通，电控单元接收这个信号作为防点头控制用的一个起始状态。

（7）模式选择开关。

模式选择开关的作用是根据汽车的行驶状况和路面情况选择悬架的运行模式，从而决定减震器的阻尼力大小。运行模式包括标准（Norm）与运动（Sport）两种。

（8）高度控制开关。

高度控制的开关作用是改变车身高度设置，如图3-1-5所示。运行模式包括低（Low）与高（High）两种。

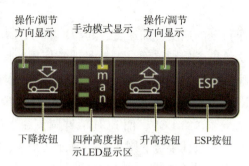

操作/调节方向显示　　手动模式显示　　操作/调节方向显示

下降按钮　　四种高度指示LED显示区　　升高按钮　　ESP按钮

图3-1-5　高度控制开关

2）电子控制单元

电子控制单元（ECU）接收各种传感器的输入信号并进行各种运算，然后给执行元件输出控制悬架的刚度、阻尼力和车身高度信号，并同时检测各种传感器信号是否正常，如有故障，将存储故障码和相关参数，点亮仪表盘故障指示灯。空气悬架ECU采集的主要信号有：车速、转向角度、压力信号、制动灯开关、车身加速度、悬架模式选择开关、实际车身水平高度、驾驶员选择的车身高度等。

3）执行元件

通常所用的执行元件包括：空气弹簧、悬架控制执行器、气压缸/可调阻尼减震器总成、空气压缩机与干燥器总成及高度控制电磁阀等。执行元件接收控制单元ECU的控制信号，及时准确地动作，从而按照要求调节悬架刚度、阻尼力和车身高低。

（1）气压缸/减震器总成。

减震器的作用是尽可能快地消除悬架所吸收的振动。在安装空气弹簧的基础上，又安装了液压式减震器。气压缸由一只装有低压氮气的可变阻尼力减震器和一个带有大容量压缩空气的气室组成，以达到极佳乘坐舒适性，其结构如图3-1-6所示。配备一只硬阻尼阀和一只软阻尼阀，以便转换减震器的阻尼力。用旋转阀变化阻尼，从而改变通过阀门的液流比率。

①空气弹簧。

气动减振控制系统依靠气体弹簧空气压力产生减振力，将车身保持在某一高度的空气弹簧系统。在轿车上使用带有管状气囊的空气弹簧来作为弹性元件，空气弹簧由上端盖、管状气囊、活塞（下端盖）、张紧环等部件构成，其结构如图3-1-6所示。空气弹簧具有占用空间小、弹簧行程大等优点。空气弹簧工作时，管状气囊在活塞上展开。上端盖和活塞之间的管状气囊由金属张紧环夹紧。

②减震器。

奥迪A8PDC减震器的功能是在部分负荷时，使车辆具备良好的驾乘舒适性，而在全负荷时获得足够的减振刚度。这种减震器的阻尼力可根据空气弹簧压力来改变。如图3-1-6所示PDC减震器的结构图。PDC-阀通过孔与活塞杆侧的工作腔1相连。在空气弹簧压力较小时（车空载或载荷非常小），PDC-阀完全打开，液体的流动阻力较小。此一部分液压油会流过阻尼阀，阻尼力减小。在空气压力较大时（车的载荷较大），PDC-阀的开口截面减

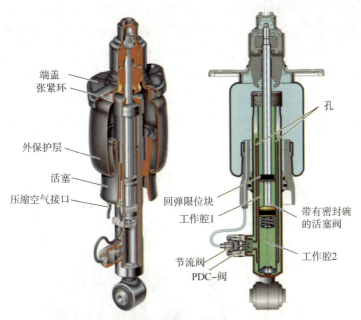

图 3-1-6　奥迪 A8 气压缸/减振器总成结构图

小，因而减振力就较大。

（2）悬架控制变阻尼执行器。

悬架控制执行器位于各气压缸/减震器支柱顶部，其结构如图 3-1-7 所示。所有减震器上变阻尼执行元件的电路均为并联连接，它通过输出轴转动减震器旋转阀来改变减震器的阻尼力。旋转阀（输出轴）旋转角度是由来自空气悬架电子控制单元的信号控制的。

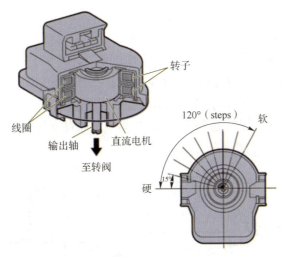

图 3-1-7　悬架控制执行器结构图

（3）空气压缩机与干燥器总成。

空气压缩机与干燥器总成由电动机、压缩机、电磁阀单元、温度传感器、空气干燥器、气动排气阀等组成，均集成在一起，如图 3-1-8 所示。空气压缩机为升高汽车悬架高度提供所需的压缩空气。空气压缩机安装在前机舱的左前方。为了避免压缩空气产生冷凝水引起部件锈蚀必须采用空气干燥器给压缩空气去湿。气动排气阀的作用是保持系统剩余压力和限压。温度传感器安装在压缩机盖上，悬架控制单元根据压缩机的运行时间和温度信号计算出压缩机的最高允许温度，当超过某个界限值时关闭压缩机，避免压缩机过热，可以提高系统工作可靠性。排气电磁阀安装于空气干燥器的末端，为一电磁阀。在汽车悬架高度下降时，排气电磁阀打开，压缩空气通过空气干燥器，再经过排气电磁阀排入大气中。

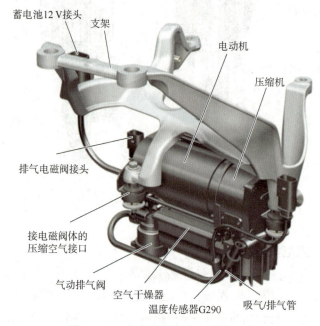

图 3-1-8　空气压缩机与干燥器总成

（4）高度控制电磁阀。

高度控制电磁阀安装于空气干燥器与气压缸之间，如图 3-1-9 所示，用于控制汽车悬架的高度调节。高度电磁阀由电磁阀、阀体等组成。在汽车悬架高度需要上升时，高度电磁阀接通，排气电磁阀关闭，向气压缸充入压缩空气，使汽车悬架升高。在汽车悬架高度需要下降时，高度电磁阀接通，排气电磁阀打开，压缩空气通过空气干燥器排入大气中。

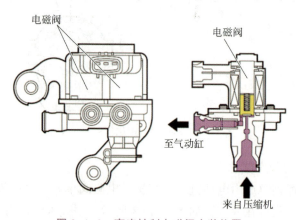

图 3-1-9　高度控制电磁阀安装位置

5. 电控悬架的工作原理

电控悬架的控制原理

传感器与开关将汽车行驶的路面情况（汽车的振动）和车速及起动、加速、转向、制动等工况转变为电信号，输送给电子控制单元，电子控制单元将传感器输入的电信号进行综合分析处理，输出对悬架的刚度、阻尼及车身高度进行调节的控制信号给执行元件，使悬架系统的刚度、减震器的阻尼力及车身高度等参数得以改变，从而使汽车具有良好的乘坐舒适性、操纵稳定性以及通过性。电控悬架系统的最大优点是它能使悬架随不同的路况和行驶状态做出不同的反应。

奥迪 A8 汽车有两种底盘，一种是标准底盘，另一种是运动底盘。标准底盘（自适应悬架）可以手动或自动设置"automatic"（自动）、"comfort"（舒适）、"dynamic"（动态）、"lift"（提升）四种模式，具备转弯、制动、起步、休眠、使用千斤顶、应急等特殊工况下的悬架刚度、阻尼力调节功能。

（1）奥迪 A8 电控空气悬架系统操纵机构集成在 MMI（多媒体交互系统）上，空气悬架系统从一种模式切换到另一种模式以及系统状态的显示和指示都是通过 MMI（多媒体交互系统）来完成的，如图 3-1-10 所示。CAR-按键：在中央副仪表板的 MMI 显示屏上直接调出自适应空气悬架菜单；SETUP-按键：显示状态信息和调整情况；控制旋钮：转动控制旋钮切换到另一种模式，随后按下控制旋钮来启用这个新模式。

图 3-1-10　电控空气悬架系统操控装置

（2）通过 MMI 手动设置调节模式，在"automatic"自动模式下，汽车处于基本高度，约 120 mm（标准底盘），如图 3-1-11 所示。此时以舒适性为主并配有与之相适应的减振特性。在车速超过 120 km/h 的 30 s 后，底盘会下沉 25 mm（高速公路底盘下沉）。底盘下沉可以改善空气动力学性能并降低燃油消耗。当车速低于 70 km/h 的时间达 120 s 或车速低于 35 km/h 时，底盘会自动恢复到基本高度。

图 3-1-11　自动、舒适模式下汽车基本高度

（3）在"comfort"舒适模式下，如图3-1-11所示。底盘高度与"automatic"（自动）模式是一样的，但在车速较低时减振要弱一些，因此与"automatic"（自动）模式相比，舒适性更好一些。这时不会出现所谓的"高速公路底盘下沉"。

（4）在"dynamic"动态模式下，与"automalic"（自动）模式相比，汽车高度会在基本高度基础上下降20 mm，如图3-1-12所示。此时自动调整到运动模式的减振特性，在车速持续超过120 km/h的30 s后，底盘会再下沉5 mm（高速公路底盘下沉）。当车速低于70 km/h的时间达到120 s或车速低于35 km/h时，底盘会自动恢复到运动高度。

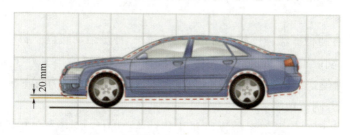

图3-1-12　动态模式下汽车高度降低：-20 mm

（5）在"lift"提升模式下，与"automatic"（自动）模式相比，汽车会在基本高度基础上升高25 mm，如图3-1-13所示。此时与"automatic"（自动）模式一样是以舒适为主的。只有当车速低于80 km/h时才能选择这个模式。当车速超过100 km/h时会自动脱离此模式，这时车会回到先前选择的模式，即使车速又降到80 km/h以下，也不会再自动回到"lift"（提升）模式了。

图3-1-13　提升模式下汽车升高：+25 mm

（6）特殊工况调节。

在汽车转弯、制动、起步工况下，通过调节减震器的阻尼力使车辆保持平稳。转弯时，悬架的调节过程就被终止，转弯结束后又接着进行调节；制动时，减振阻尼调节过程主要在ABS/ESP制动过程中发挥作用，根据制动压力的大小来进行调节。起步时，在起步过程中，车身的惯性会导致出现汽车栽头现象。

（7）应急运行状态。

如果识别出系统部件故障或信号故障，一般来说就没有保证系统功能的可靠性了。根据故障的严重程度，会起动一个应急运行程序。故障码会存入故障存储器，组合仪表上的报警灯会点亮，如图3-1-14所示。当悬架的调节功能完全失效时，该系统就会被中断供电，于是悬架就呈"硬"状态。应急状态是为了保证行驶稳定性，这样可避免悬架过软。

图 3-1-14　应急状态

6. 电控悬架车辆的操作注意事项与检查方法

（1）电控悬架车辆的操作注意事项。

配置空气悬架系统的车辆，在进行保养维护操作时，必须注意操作规范，以免因错误操作引起故障和发生危害：

①在举升车辆前，要关闭高度控制开关或通过操控显示系统关闭自动悬架系统，工作完毕后再打开。

②在使用人工充气操作时，可将车辆举升起一点；特别是在使用车辆自身空气压缩机直接加气时，以免烧毁空气压缩机。

③升降车辆时，避免工具和肢体在轮胎与翼子板之间停留。

④避免空气压缩机长时间工作，确定空气管道系统无漏气现象。

（2）电控悬架系统的检查与诊断方法如表 3-1-3 所示。

表 3-1-3　电控悬架系统的检查与诊断方法

序号	常见故障	故障原因	排除方法
1	水平高度调节系统控制器故障	损坏	更换
2	水平高度调节系统压缩机继电器故障	损坏	更换
3	水平高度调节系统空气供给总成故障	损坏	更换
4	减振支柱阀故障	损坏	更换
5	相关传感器故障	松动或损坏	紧固或更换
6	相关线路故障	损坏、断路、短路	维修或更换

三、任务实施

1. 实施准备

检测电控悬架系统需要的具体材料如下：

（1）学材、教材：新能源汽车底盘技术学材、维修手册。

（2）实训设备：配置电控悬架车辆、举升机、车内外三件套、绝缘防护装备。

实训前提示安全注意事项：注意人身安全，防止机件碰伤身体。

2. 实施内容

（1）电控悬架系统元件识别。

根据实训室车辆配置，学生分组查找电控悬架系统各零件，并指出零件名称、安装位置、作用与控制原理。

①车辆防护。安装车轮挡块、车内外三件套，确认换挡杆置于空挡，驻车制动器操纵杆拉起。打开前机舱盖，安装车外三件套。

②要进行电控悬架系统维护，必须先认识组成元件的位置。图 3-1-15 所示为奥迪 A8 电控悬架各部件在车上的安装位置及名称。

图 3-1-15　奥迪 A8 电控悬架各部件在车上的安装位置及名称

（2）确认故障现象。

起动车辆，操作奥迪 A8 轿车电控悬架系统模式，观察能否调节，仪表是否正常显示。

（3）利用故障诊断仪诊断故障。

连接故障诊断仪，打开起动开关，进入车辆诊断系统，读取整车数据后，进入底盘电控悬架模块读取故障码与数据流。车辆下电后，清除故障码，再次上电后，使用故障诊断仪再次读取故障码，判断底盘电控悬架系统状态，查看相关电路图，分析故障原因。

（4）故障检测。

检测蓄电池电压正常，根据故障码所指元件，依据电路图（图 3-1-16）测量电路正常后可判断元件损坏，应更换，不能修理。电控悬架系统故障排除后要将故障码清除，清除系统故障码也用故障诊断仪来完成，按操作提示进行即可。

①检测传感器供电。

②检测电控悬架压缩机供电。

③检测控制单元供电。

④检测水平高度调节系统压缩机电机供电。

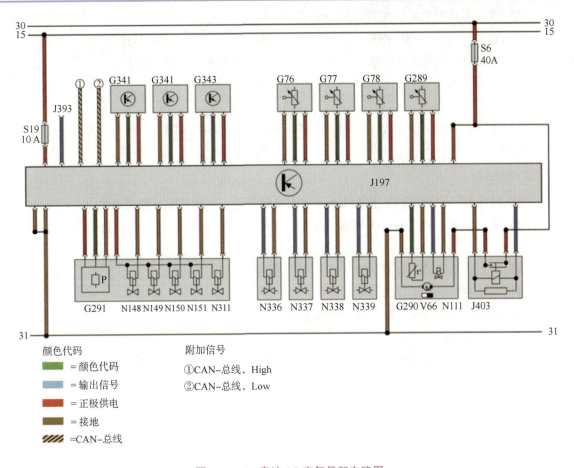

图 3-1-16　奥迪 A8 空气悬架电路图

G76—左后车身水平高度传感器 ；G77—右后车身水平高度传感器；G78—左前车身水平高度传感器；G289—右前车身水平高度传感器；G290—压缩机温度传感器，车身水平高度控制系统；G291—车身水平高度控制系统压力传感器；J393—舒适系统的中央控制单元（用于车门信号）；G341—左前车身加速度传感器 ；G342—右前车身加速度传感器；G343—后部车身加速度传感器 ；J197—车身水平高度控制系统的控制单元；J403—空气压缩机继电器，车身水平高度控制系统；N111—车身水平高度控制系统排气阀门；N148—左前弹簧支柱阀门；N149—右前弹簧支柱阀门；N150—左后弹簧支柱阀门；N151—右后弹簧支柱阀门；N311—压力存储气阀门，车身水平高度控制系统；N336—左前减震器调整阀门；N337—右前减震器调整阀门；N338—左后减震器调整阀门；N339—右后减震器调整阀门；V66—压缩机电动机，车身水平高度控制系统

（5）复位工作。

（6）总结电控悬架各组成部件安装位置及诊断思路，完成实训工单并上交。

四、思考与练习

1. 选择题

（1）在电控悬架中，弹性元件一般采用（　　　）。

A. 钢板弹簧　　　　　　　　　　　B. 螺旋弹簧

C. 空气弹簧　　　　　　　　　　　D. 扭杆弹簧

（2）以下不是主动悬架控制参数的是（　　　）。

A. 高度　　　　　　B. 刚度　　　　　　C. 阻尼　　　　　　D. 悬挂质量

（3）在配置空气弹簧的车辆中，以下哪些不是空气悬架系统的组件？（　　　）

A. 高度空气压缩机　　　　　　　　　　B. 高度传感器

C. 螺旋弹簧　　　　　　　　　　　　　D. 减震器

（4）在防止车辆"下坐控制"时，应将车辆阻尼力和刚度调整至（　　　）。

A. 硬　　　　　　　B. 中等　　　　　　C. 软　　　　　　D. 不确定

2. 判断题

（1）目前量产中低端轿车上悬架系统多为被动悬架，无须调整且稳定性好。　　（　　）

（2）主动悬架一般作为高端车辆的配置，能够最大限度地保证车辆行驶的稳定性与舒适性。　　　　　　　　　　　　　　　　　　　　　　　　　　　　　　（　　）

（3）半主动悬架属于有源悬架。　　　　　　　　　　　　　　　　　　　　（　　）

（4）电控悬架系统设有自诊断功能。　　　　　　　　　　　　　　　　　　（　　）

（5）悬架的高度只能在低、高两种状态下变化。　　　　　　　　　　　　　（　　）

（6）空气悬架需要空气压缩机。　　　　　　　　　　　　　　　　　　　　（　　）

（7）装有电子控制悬架系统的汽车在高速行驶时，可以使车高降低，以减少空气阻力，提高操纵的稳定性。　　　　　　　　　　　　　　　　　　　　　　　　（　　）

五、知识拓展

电控空气悬架发展史

空气弹簧最早诞生于 19 世纪中期，有专利记载在 1847 年 John Lewis 申请了空气弹簧的发明专利。最早被用作有轨电车悬架的减振元件。1910 年 George Bancro 获得了将空气弹簧应用在汽车悬架上的专利。但是由于橡胶制品还有缺陷，导致当时的这些专利和产品没有得到商业应用。随着合成人造橡胶的出现，才使空气弹簧得到了真正的应用。1920 年，法国人 George Messier 研制出世界上第一副空气弹簧，并进行了实车试验。随后空气悬架的研制在美国迅速展开，1953 年通用汽车公司生产的豪华大客车配置了以空气弹簧悬架系统，使空气弹簧得到了飞速发展。1957 年，全球首款装备空气悬架的量产车型凯迪拉克 Eldorado Brougham 诞生，如图 3-1-17 所示，它搭载了最大功率为 335 hp 的 6.0 L 双化油器 V8 发动机和 4 速 Hydra-Matic 自动变速器，配备车身高度传感器与自动平衡功能。

图 3-1-17　凯迪拉克 Eldorado Brougham

在空气弹簧得到商业上的推广以后，空气弹簧悬架系统的控制理论与方法成为研究重点。1984年福特汽车公司在Continen talMark Ⅷi型上成功地应用了电子控制空气弹簧悬架系统，从此开始了空气弹簧的智能控制时代。从1992年的路虎揽胜开始，空气悬架逐渐成为潮流。

目前，在乘用车领域，空气悬架作为一种高级配置广泛应用于豪华车型上，绝大多数应用空气悬架的车型售价都在50万元以上，比如奔驰的S级、GLS级、保时捷的卡宴、奥迪的A8、Q7、宝马7系、蔚来ES8和红旗HS7等。随着中国新能源汽车的崛起以及自主品牌技术的发展，空气悬架配置正逐步向30万~35万元价位区间车型渗透，比如红旗H9、极氪001、岚图Free（图3-1-18）等。岚图Free搭载的空气悬架来自浙江孔辉汽车科技有限公司，浙江孔辉汽车科技有限公司是由郭孔辉院士及团队联合创办。2009年从东风猛士、一汽红旗的电控悬架系统开发项目，开始在控制算法、系统匹配集成、部件设计验证、底盘调校、生产和检测工艺等方面的不断积累，现已成长为中国首家乘用车电控悬架系统开发商和供应商。自主开发和生产的空气悬架系统于2021年6月开始量产供货岚图Free，也是首次将乘用车空气悬架配置应用到30万~35万元车型。

图3-1-18　东风岚图Free

空气弹簧未来的发展方向，对于空气弹簧的控制系统，欧美的车辆空气弹簧系统基本都已经采用了电子控制方式，现又在开发下一代智能控制系统。目前乘用车空气悬架系统的单车采购价约为9 000元，国产化以后，成本会持续下降，随之该配置会逐步向中端车型渗透普及，未来三年国内乘用车空气悬架市场将会处于一个井喷式发展阶段。

任务 3-2　检测胎压监测系统

学习目标

知识目标：掌握胎压监测系统的功能和类型。

理解胎压监测系统的结构和工作原理。

熟悉直接式胎压监测系统检测方法。

能力目标：能正确使用、初始化胎压监测系统。

能对胎压监测系统故障进行分析并检测。

素养目标：树立科技自信和自主学习意识。

培养创新精神和团队协作精神。

严格执行检测胎压监测系统操作规范，养成严谨细致的工作习惯。

思政育人

通过拓展介绍我国 TPMS 产业发展状况，提升学生对中国制造的信心，树立科技自信和民族自豪感。

一、任务引入

一辆比亚迪唐新能源汽车的客户进店反映胎压报警灯亮，请根据此故障现象，采集相关数据信息，进行分析与检测。

二、知识链接

1. 胎压监测系统认知

胎压监测系统

在中国，46% 的高速公路交通事故是由于轮胎故障引起的，这其中仅爆胎一项就占事故总量 70%。如果车速在 140 km/h 及以上时，爆胎导致的事故死亡率为 100%。统计表明：交通意外增加的主要原因是高速行驶中因轮胎故障引起的爆胎，这与驾驶员经验不足，不重视轮胎的日常检查有很大关系。根据我国《乘用车轮胎气压检测系统的性能要求和试验方法》规定要求，2019 年 1 月 1 日起，M1 类的汽车（指至少有 4 个车轮或有 3 个车轮，且厂定最大总质量超过 1 t，除驾驶员座外，乘客座位不超过 8 个的载客车辆）被强制要求安装胎压监测。2020 年 1 月 1 日起，TPMS（胎压监测系统）强制安装法规开始执行，我国生产的所有车辆都必须安装直接式或间接式 TPMS 系统。

在汽车行驶时，轮胎胎压过高或过低都会影响汽车正常行驶，只有在标准压力下，才能避免爆胎事故的发生。胎压监测系统简称 TPMS，即 Tire Pressure Monitoring System 的缩写。

胎压监测系统、安全气囊和防抱死制动系统构成汽车三大安全系统，TPMS 是汽车主动安全技术之一，能有效预防事故发生，对提高汽车安全性具有较大贡献。

2. 胎压监测系统的功能

胎压监测系统在汽车行驶过程中对轮胎气压和温度进行实时自动监测，并对轮胎漏气、低气压、高气压和高温等状况进行报警，提示驾驶员及时检查胎压，以确保行车安全。其余功能主要由以下几个方面：

（1）预防事故发生。胎压监测系统属于主动安全设备的一种，它可以在轮胎出现危险征兆时及时报警，提醒驾驶员采取相应措施，从而避免严重事故的发生。

（2）延长轮胎使用寿命。有了胎压监测系统，可以随时让轮胎都保持在规定的压力、温度范围内工作，从而减少车胎的损毁，延长轮胎使用寿命。在轮胎气压不足时行驶，当车轮气压比正常值下降 10%，轮胎寿命就会减少 15%。

（3）降低能耗。当轮胎内的气压过低时，就会增大轮胎与地面的接触面积，从而增大摩擦阻力，当轮胎气压低于标准气压值 30%，油耗将上升 10%。

（4）可减少悬架系统的磨损。轮胎内气压过大时，会导致轮胎本身减振效果降低，从而增加车辆减振系统的负担，长期使用对汽车底盘及悬挂等系统都将造成很大的伤害；如果轮胎气压不均匀，还容易造成制动跑偏，从而增加悬挂系统的磨损。

3. 胎压监测系统的类型

按照胎压监测系统结构与工作原理不同，主要分为直接式胎压监测和间接式胎压监测两种。其中，直接式 TPMS 使用体验更好，是目前市场主流的胎压监测系统产品，制造成本高，具有反应速度快、测量准确、数据直观等优点。间接式 TPMS 检测方式存在不足处为汽车静止时不能监测、反应时间长、无法显示胎压值、四个车轮同时自然漏气时，系统无法察觉等缺点。

4. 直接式胎压监测系统

1）结构

直接式胎压监测系统（Pressure-Sensor Based TPMS，PSB TPMS）运用了最新的汽车电子技术、传感器技术、无线发射和接收技术等，主要由胎压监测模块、胎压监测接收模块和胎压监测控制模块组成。

胎压监测模块是核心部件。它由压力传感器、温度传感器、无线发射模块、电池等组成。需 4 个安装在轮胎里的压力传感器来直接测量轮胎的气压，每个轮胎内部安装 1 个，共 4 个，压力传感器安装于轮胎气门嘴处，与气门嘴一体结构设计，分为监测模块主体部分和气门嘴部分，通过和气门嘴连接的方式固定到轮辋上，如图 3-2-1 所示。在胎压监测模块内安装有电池，可供传感器和发射器输出信号。系统采用信息查询方式，电池有的可使用 2 年，有的最长可使用 10 年，电池不能单独更换。

胎压监测接收模块用于接收、处理胎压监测模块发来的轮胎压力等信息，并将信息转换为数字信号传输给胎压监测控制模块。比亚迪唐配置的 4 个胎压监测接收模块，安装位置均位于每个轮胎的附近，便于信号接收；左前、右前接收模块为左右对称布置，均布置在前保

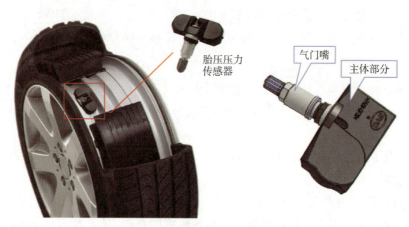

图 3-2-1　装有胎压监测传感器的轮胎

险杠骨架封板上，如图 3-2-2 所示；左后接收模块布置在左后纵梁后段，右后接收模块布置在右后纵梁后段上。

胎压监测控制模块用于接收、处理胎压监测接收模块发来的轮胎压力信息，并通过CAN 线向组合仪表传输显示；安装于后行李厢左侧，如图 3-2-3 所示。

图 3-2-2　比亚迪唐右前胎压监测接收模块

图 3-2-3　比亚迪唐胎压监测控制模块

2）工作原理

如图 3-2-4 所示，直接式胎压监测系统的工作原理如下：发射器通过 CAN 总线接收控制模块的指令并对每个车轮进行查询。发射器与胎压压力传感器进行通信，使压力传感器反馈胎压压力、电池电量和温度信号。压力传感器将数据以无线方式发送出去，该信号被接收模块接收。控制模块分析接收模块传递的信息，用以判断各个车轮的压力及温度数据，以及电池电量等。当监测到的数据达到系统触发报警条件时，胎压监测系统会点亮警告灯并设置故障码。组合仪表会显示出每个车轮的具体胎压值、温度等信息，如图 3-2-5 所示。

3）直接式胎压监测系统常见的报警

比亚迪唐直接式胎压监测系统常见的胎压报警包括：欠压提醒、高压提醒、快速漏气提醒、信号异常提醒。

（1）欠压提醒。

点亮胎压故障警告灯 ；点亮主警告灯 ；蜂鸣器蜂鸣；欠压数值显示颜色为黄色，

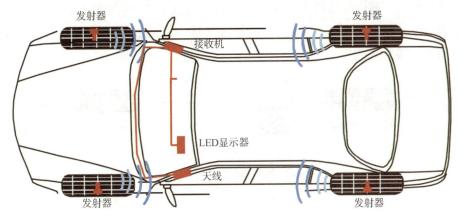

图 3-2-4　直接式胎压监测系统结构示意图

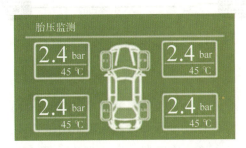

图 3-2-5　直接式胎压监测仪表盘显示胎压值

表示此轮胎欠压（前轮标准压力应为 230 kPa），压力降低到标准压力 75% 后报警，上升到 90% 以上解除报警。

（2）高压提醒。

当胎压高于标准胎压值的 130%，TPMS 6 s 内发出胎压过高报警信号，并指明高压轮胎的位置；点亮胎压故障警告灯（!）；点亮主警告灯 ⚠ ；蜂鸣器蜂鸣；高压数值显示颜色为黄色。

（3）快速漏气提醒。

点亮胎压故障警告灯（!）；点亮主警告灯 ⚠ ；蜂鸣器蜂鸣，蜂鸣频率 600 次/s，快速漏气数值和轮胎位置显示颜色为红色，表示轮胎快速漏气报警，此轮胎出现快速漏气（当胎压值变化率大于 30 kPa/min 的情况，并且持续一段时间为快漏）。

（4）信号异常提醒

点亮胎压故障警告灯（!）；点亮主警告灯 ⚠ ；蜂鸣器蜂鸣，系统故障警告数值和轮胎位置显示颜色为黄色"信号异常"，表示未收到此轮胎压力信号（产品未匹配、产品异常、加装有干扰源的产品、强干扰环境可能导致信号异常）。

5. 间接式胎压监测系统

1）结构

间接式胎压监测系统（Wheel-Speed Based TPMS，WSB TPMS）是利用 4 个车轮的转速

信号来监测轮胎的，即由相应控制单元计算出每个轮胎的气压，故称作间接式胎压监测系统。该系统的结构如图 3-2-6 所示：4 个轮速传感器、电子制动控制模块、复位开关、轮胎压力过低报警灯等。

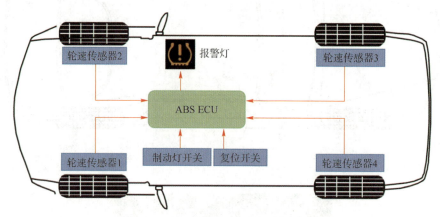

图 3-2-6 间接式胎压监测系统的结构

2）工作原理

间接式胎压监测系统是利用非压力传感器测得相关数据，再利用轮胎的力学模型间接计算出轮胎气压，或者通过轮胎之间的气压差来达到监测胎压的目的。

利用 ABS/ESP 系统的 4 个轮速传感器，通过理论计算判断轮速差，进而判断某个轮胎缺气。通过传感器提供的轮速信号来推算轮胎动态半径的变化，然后换算成胎压的变化，从而实现胎压监测的功能。工作原理是：当某个轮胎胎压降低时，汽车的质量会使该车轮的滚动半径变小，导致其转速比其他车轮的转速快，系统利用这一特性计算出该轮的胎压数值。当胎压低于预设的限值时，系统点亮报警灯，提示胎压低。间接式 TPMS 存在明显的缺陷，主要表现在无法对两个以上轮胎同时缺气的状况和速度超过 100 km/h 的情况进行判断。

3）间接式胎压监测系统报警灯点亮的条件

当某一个轮胎的气压太高或不足时，监测系统将车轮转速的变化情况同预先储存的标准值比较，就能判断轮胎气压过高或不足，从而点亮胎压监测警告灯，如图 3-2-7 所示。当出现以下情况之一时，胎压监测警告灯点亮：

（1）轮胎之一气压不足；

（2）轮胎之一气压太高；

（3）轮胎压力发生变化，但未重新初始化胎压监测系统；

（4）轮胎经常调换，但未重新初始化胎压监测系统；

（5）系统元件损坏或线路不良；

图 3-2-7 胎压监测警告灯

（6）高速转向。

总之，直接式胎压监测系统和间接式胎压监测系统各有特点。直接式胎压监测系统可以提供更高级的功能，随时测定每个轮胎内部的实际瞬压，很容易确定故障轮胎。但它有不可避免地存在着一些弊端，比如，安装在4个轮胎内气压传感器、信号处理单元和发射模块会打破轮胎原先的动平衡，在恶劣潮湿的环境下，轮胎内的电池会出现漏电现象，使系统使用年限缩短。间接式系统成本较低，已经装备四轮ABS（每个车轮装备1个轮速传感器）的汽车只需要对软件进行升级。但是，间接式胎压监测系统准确率不高，在某些情况下该系统会无法正常工作，比如同一车轴的2个轮胎气压都较低时，不能确定故障轮胎，而且系统校准复杂。

6. 胎压监测系统的检查与诊断方法

（1）胎压监测系统的检查与诊断方法如表3-2-1所示。

表3-2-1　胎压监测系统的检查与诊断方法

序号	常见故障	故障原因	排除方法
1	轮胎压力传感器故障	损坏/电量耗尽	更换
2	轮胎压力过低故障	气门嘴损坏/轮胎与轮毂密封不严	维修或更换
3	轮胎压力过高故障	充气过足/轮胎磨损温度高/轮胎定位不准等	维修或更换
4	轮胎快速漏气故障	胎体损坏/气门嘴损坏/轮胎与轮毂密封不严	更换
5	轮胎压力传感器未匹配/匹配失败故障	更换轮胎或轮胎换位传感器未匹配/匹配失败	维修
6	相关线路故障	损坏、断路、短路	维修或更换
7	车身控制模块故障	损坏	更换

（2）胎压监测系统初始化条件。

①轮胎压力调整；

②更换车轮和轮胎；

③轮胎换位；

④对胎压检测系统维修后；

⑤诊断提示。

三、任务实施

1. 实施准备

检测胎压监测系统需要的具体材料如下：

（1）学材、教材：新能源汽车底盘技术学材、维修手册。

（2）实训设备：配置TPMS车辆、举升机、车内外三件套、绝缘防护装备。

实训前提示安全注意事项：注意人身安全，防止机件碰伤身体。

2. 实施内容

（1）准备工作。

①车辆防护。安装车轮挡块、车内外三件套，确认换挡杆置于空挡，驻车制动器操纵杆拉起。打开前机舱盖，安装车外三件套。

②分组查看车辆；

（2）确认故障现象。

起动车辆，观察仪表胎压指示灯是否显示正常的胎压。

（3）利用故障诊断仪诊断故障。

连接故障诊断仪，打开起动开关，进入车辆诊断系统，读取整车数据后，进入车身控制模块（BCM），读取故障码与数据流。车辆下电后，清除故障码，再次上电后，使用故障诊断仪再次读取故障码，判断 TPMS 状态，查看相关电路图，分析故障原因。

（4）故障检测。

检测蓄电池电压正常，根据故障码所指元件，依据电路图，测量电路正常后可判断元件损坏，应修理或更换。TPMS 故障排除后要将故障码清除，清除系统故障码也用故障诊断仪来完成，按操作提示进行即可。

（5）检查胎压监测系统黄色警告灯点亮。

①警告灯正常点亮。在点火开关运行到（RUN）位置时，进行自检，点亮胎压监测故障警告灯 3 s，然后熄灭，表示系统正常。如果检测到轮胎气压不正确并记忆故障码，警告灯将持续点亮。

②警告灯不亮。组合仪表灯泡检查中，胎压警告灯不亮且监视系统未设置故障码。

a. 检查诊断系统是否完成自检。

b. 用专用仪器进行仪表指示灯动作测试。

c. 指示灯不亮，检查仪表板组件及灯泡线路。如指示灯亮，检查车身控制模块。

③警告灯常亮。在经过仪表板组合仪表灯泡检查后，胎压警告灯不熄灭。

a. 点火开关置于运行（RUN）位置，按下复位开关，胎压警告灯应熄灭。

b. 如果警告灯不熄灭。检查车身控制模块是否记忆轮胎气压过低故障码，如是，检查轮胎气压。

c. 如不记忆故障码，检查仪表组件及相关的线路。

（6）胎压监测系统初始化。

不同车型的 TPMS 初始化方法存在差异，可根据具体车型的维修手册进行操作。一般会按照以下原则进行：

①按照规定调整所有轮胎胎压。

②打开点火开关。

③按压复位开关或按钮。

④道路测试。

（8）复位工作。

（9）总结胎压监测系统的组件安装位置及初始化程序，完成实训工单并上交。

四、思考与练习

1. 选择题

(1) 直接式胎压监测系统使用的传感器是（   ）。

A. 轮速传感器   B. 胎压压力传感器

C. 制动压力传感器   D. 横向加速度传感器

(2) 就胎压测量精度而言，以下哪种系统监测精度高？（   ）

A. 间接测量 TPMS   B. 直接测量 TPMS

C. ABS 系统   D. ESP 系统

(3) 间接式胎压监测系统使用的传感器是（   ）。

A. 轮速传感器   B. 胎压压力传感器

C. 制动压力传感器   D. 横向加速度传感器

(4)（多选题）以下对胎压监测系统的作用描述正确的是（   ）。

A. 预防事故发生   B. 延长轮胎使用寿命

C. 降低油耗   D. 减少悬架系统磨损

2. 判断题

(1) 胎压监测系统的方式有直接式监测和间接式监测两类。   （   ）

(2) 车轮内的胎压电子装置安装有电池，使用寿命有限。   （   ）

五、知识拓展

国产 TPMS 发展需要"中国芯"

随着 2019 年 1 月 1 日起，中国市场所有新认证乘用车必须安装 TPMS 的政策驱动，目前技术下，TPMS 需自带电池，而内置电池寿命在 5～6 年，电池的寿命很大程度决定了 TPMS 的更换周期，国内 TPMS 市场正处于爆发增长期，国产 TPMS 芯片将迎来巨大市场机遇。

TPMS 产业链大致可以分为三个环节。上游参与者是各类物料供应商，芯片存在技术垄断，供应商掌握定价权。TPMS 物料包括电池、各类传感器、MCU、射频模块、天线等组件，各类物料通常被集成为电池和 TPMS 芯片后销售给 TPMS 集成商。中游参与者是 TPMS 集成商以及零部件供应体系，技术门槛不高，但存在市场壁垒。下游则通过整车厂和后装市场接触消费者。前装市场客户主要是各大整车厂，后装市场需求来自后期维修、改装，直接面向终端消费者。

从 TPMS 全球竞争格局来看，TPMS 行业处于垄断格局。伴随着汽车电子化和智能化的产业趋势发展迅速，芯片和软件在汽车中占比将逐步提升。在 TPMS 系统当中，芯片成本占比最高，占据着至关重要的地位。国产 TPMS 芯片的发展状况体现在以下几个方面：

（1）需求数量快速增长。根据数据显示，2020 年国内乘用车前装市场和后装市场对于 TPMS 芯片的需求可达 1.45 亿片。

（2）集成化发展。TPMS由最初的间接式胎压监测发展到直接式胎压监测，由内置单一压力传感器发展到多传感器集成（压力、温度、加速度、电压传感器）。未来TPMS监测可靠度更高，功能也更加丰富。

（3）从后装市场逐步进入整车厂市场。目前国产TPMS芯片厂商基本都已经进入后装市场，而TPMS芯片前装市场一般是整车厂掌握TPMS芯片选择的话语权，国产TPMS芯片想要进入前装市场还需要时间。

发展"中国芯"，实现国产代替进口，已成为国家明确提出的重要发展战略。此前在TPMS芯片市场主要被国外厂商所占据。车载芯片行业由于其更新换代速度快，初始投资和技术门槛高，回报较慢，我国目前在车载芯片领域仍落后于国外厂商。国内TPMS芯片市场主要由英飞凌、飞思卡尔及NXP等外国企业垄断，其中英飞凌占比超过50%。随着近年来国内新能源汽车及国产汽车芯片产业的发展，国产TPMS芯片厂商也在奋力追赶，正逐步打破海外垄断，不少国产芯片厂商也已具备了TPMS芯片量产能力。虽然现在国产芯片与英特尔、AMD、英伟达等国际厂商仍存在一定的差距，但我们看到了国产芯片的成长，通过自主研发技术的不断突破，国内新能源汽车及国产汽车芯片产业有望在未来迅速崛起，最终走向国际。

任务 3-3 检测巡航控制系统

学习目标

知识目标：掌握定速巡航系统与自适应巡航系统的功能。

理解定速巡航系统与自适应巡航系统的工作原理。

熟悉定速巡航系统与自适应巡航系统特点。

能力目标：能向客户介绍定速巡航系统与自适应巡航系统的区别。

能对定速巡航控制系统故障进行分析并检测。

素养目标：树立安全生产意识和紧跟时代步伐，顺应实践发展理念。

培养工匠精神和团队协作精神。

严格执行检测定速巡航控制系统操作规范，养成严谨细致的工作习惯。

思政育人

通过拓展介绍巡航控制系统发展史，培养学生勇于创新的工匠精神，认识差距，努力奋斗，探索新技术。

一、任务引入

一辆吉利 EV450 新能源汽车的客户进店反映行驶中定速巡航系统功能失效，请根据此故障现象，采集相关数据信息，进行分析与检测。

二、知识链接

1. 定速巡航系统

定速巡航系统（CCS，Cruise Control System），又称为定速巡航行驶装置、速度控制系统、自动驾驶系统等。

1）定速巡航系统的功能

利用先进的电子控制技术对汽车的行驶速度进行自动调节，从而实现以事先预定的速度行驶的一种电子控制装置。当在高速公路上长时间行驶时，驾驶员接通巡航控制开关，设定所需车速，不用再去控制加速踏板，使汽车按设定车速等速行驶，减轻了驾驶员的疲劳，同时也减少了不必要的车速变化，同时节省燃料。

2）定速巡航系统的组成与工作原理

目前燃油车普遍采用电子节气门技术，因此巡航控制功能集成到电控系统中。电控巡航系统是一种典型的闭环控制系统，如图 3-3-1 所示定速巡航系统结构原理框图。动力控制

模块接收来自巡航控制开关、车速传感器信号和其他相关开关信号，将车速传感器测定的实际车速与系统设定的车速进行比较，通过运算产生电子节气门驱动电机控制信号，驱动节气门驱动电机，用以调节节气门的开度，保持汽车按设定的车速行驶。

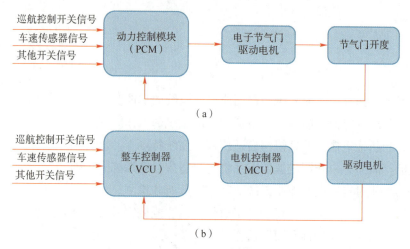

（a）

（b）

图 3-3-1 定速巡航系统结构原理框图

（a）传统燃油车；（b）电动汽车

新能源汽车定速巡航系统主要由巡航控制开关、传感器、巡航控制组件和电机控制器等部分组成。当整车控制器（VCU）接收到车主定速巡航控制指令后，通过车速传感器、控制开关信号等信号判断当前车辆所处状态，当车辆符合定速巡航开启条件时，向电机控制器（MCU）发送执行指令，使车辆维持设定时速匀速行驶。当车速低于设定时速时，驱动电机将提升车速以维持设定时速。当车速高于设定时速时，电机控制器（MCU）将限制电机功率输出，从而使车辆时速稳定在设置时速范围内。制动系统在车辆行驶中具有最高的优先级。任何情况下，当整车控制器（VCU）检测到制动信号时，会立即切断驱动电机的功率输出，同时也会关闭定速巡航功能，由驾驶员自行操控驾驶。

（1）传感器。

定速巡航控制系统的传感器主要有车速传感器和节气门位置传感器。

①车速传感器。它将实际车速信号转化为电信号输入巡航控制系统的电控单元。

②节气门位置传感器。混合动力汽车此传感器与发动机电控系统共用，其主要作用是给电控单元提供一个与节气门位置成比例变化的电信号。

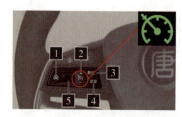

图 3-3-2 比亚迪唐定速巡航开关
功能键及指示灯

（2）巡航开关。

巡航控制开关用于巡航系统巡航车速的设定、取消，巡航状态的进入和退出等，安装于转向盘下方。一般采用手柄式或按键式，安装在转向盘上。如图 3-3-2 所示，比亚迪唐的定速巡航控制开关包括主开关（按键 2）、设定/减速开关（按键 4）、恢复/加速开关（按键 3）和取消开关（按键 1）。主开关是巡航系统主电源开关采用按键方式，工作时只需要将其推入则可以控制巡航控制系统电源的通断。定速巡航系统具有巡航定速、巡航加速、巡航减速等功能。当车辆行驶时，可以通过控制开关实现不同的功能。

①定速巡航开启/关闭。

车辆起动，按下巡航按键2（满足激活条件时，系统进入待机状态），此时组合仪表定速巡航指示灯点亮，如图3-3-2所示。再次按下巡航按键2或关闭整车电源，可以关闭巡航系统。

在40 km/h以上的任何速度，按下设定按键4，即可设定当前速度为巡航车速，此时仪表"SET"指示灯显示，设定成功，进入巡航状态，驾驶员无须踩加速踏板，车辆即可按设定的速度匀速行驶。

②巡航加速。

在巡航状态下，每向上滚动滚轮5，短按可以增加2 km/h；也可以长按，车速会持续增加，直至适合的速度再松开按键。此外，在定速巡航状态下可以直接踩加速踏板加速，当松开加速踏板后不进行其余操作，车速将缓缓恢复到先前设定的巡航速度。如果踩加速踏板的同时按下设定按键4，可以将当前车速设定为巡航车速。

③巡航减速。

在巡航状态下，每向下滚动滚轮5，短按可以减小2 km/h；也可以长按，车速会持续减小，直至适合的速度再松开按键。

④定速解除。

在巡航状态下，按下按键1或踩下制动踏板，或关闭巡航主开关时，巡航行驶将被取消，便可以结束定速。

⑤定速恢复。

解除定速后，只要按下按键3，不用踩加速踏板，车速即可自动恢复到定速解除之前的巡航速度。

（3）电子控制单元。

电子控制单元是定速巡航控制系统中的重要部件，也称巡航控制电脑，是整个控制系统的中枢。电子控制单元由处理器芯片、A/D、D/A、IC及输出隔离驱动和保护电路等模块组成。ECU接收来自车速传感器和各种控制开关的信号，按照存储的程序进行处理，当车速偏离预先设定的巡航车速时，输出一个电信号给执行器，控制执行器动作，使实际车速与设定车速相一致。

新款车型没有专用的电子控制单元，该功能由发动机或整车ECM/PCM控制。巡航控制系统发生故障时，组合仪表上的电源指示灯闪烁，提示驾驶员注意；同时，ECU存储相应的故障码可通过电源指示灯读取。

（4）执行器。

执行器的作用是将ECU输出的电流或电压信号转变为机械运动，从而控制节气门的开度，达到控制车速的目的。

2. 定速巡航系统的使用注意事项与检查方法

1）定速巡航系统的使用注意事项

（1）巡航系统在以下情况不应该开启：交通密集（对于未装备低速自动巡航系统）或

不适宜的路面，如水滑路面、碎石路面、盘山路等。

（2）行驶中在下坡时定速巡航系统不能保持速度的恒定，因为重力会使车速不断增加，这时需要人为制动。

（3）定速巡航车速调节时，因系统执行需一定响应时间，不会立即增/减速度。

（4）当车辆处于定速巡航状态时，驾驶员要时刻关注周边路况，随时做好自行操控的准备。

2）定速巡航系统的检查与诊断方法

定速巡航系统的检查与诊断方法如表 3-3-1 所示。

表 3-3-1　定速巡航系统的检查与诊断方法

序号	常见故障	故障原因	排除方法
1	巡航开关故障	损坏	更换
2	车速传感器故障	松动/损坏	紧固或更换
3	制动信号故障	损坏	更换
4	组合仪表故障	损坏	更换
5	相关线路故障	损坏、断路、短路	维修或更换
6	车身控制模块	损坏	更换
7	电机控制器故障	损坏	更换

3. 自适应速巡航系统

自适应巡航控制系统（ACC，Adaptive Cruise Control）也叫主动巡航系统，是一种智能化自动控制系统，是在定速巡航控制技术基础上发展而来的，它与定速巡航系统相比，在功能上有很大扩展。由于减少了对加速踏板和制动踏板的操作，所以可以明显地提高驾驶舒适性，使用该系统可以使驾驶员严格遵守车速限制以及车距要求。

（1）自适应巡航控制系统的基本功能是：保持驾驶员所选定的与前车的距离。因此，自适应巡航控制系统就是定速巡航系统的进一步发展。如果车距大于驾驶员设定值，那么车辆会自动加速，直到车速达到设定值。如果车距小于驾驶员设定值，那么车辆就会自动减速，减速主要通过降低输出功率、换挡或必要时施加制动来实现。因考虑舒适性的因素，ACC 还对最大的制动效果进行限制，制动效果只能达到制动系统最大制动减速力的 25%，此时，系统告知驾驶员行驶速度相对过快，车辆的靠近情况已无法通过该系统来调整，需要驾驶员控制制动器操作。整个调节过程可以减轻驾驶员的疲劳强度，一定程度上提高了汽车行驶的安全性。

（2）自适应巡航控制系统工作的前提条件。

①与前方车辆的距离，如图 3-3-3 所示。

②与前方车辆的速度，如图 3-3-4 所示。

③与前方车辆的位置，如图 3-3-5 所示。

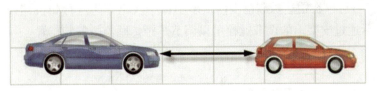

图 3-3-3 与前方车辆的距离

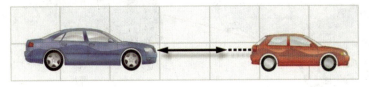

图 3-3-4 与前方车辆的速度

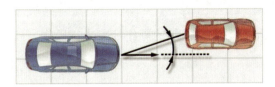

图 3-3-5 与前方车辆的位置

（3）自适应巡航系统的组成。

电动汽车和传统燃油汽车自适应巡航系统结构大体相同，主要由信息感知单元、电子控制单元、执行单元和人机交互界面组成，如图 3-3-6 所示。

自适应巡航
控制系统

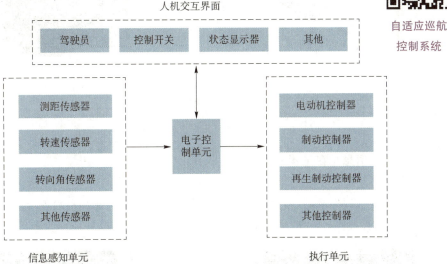

图 3-3-6 电动汽车自适应巡航系统结构框图

①车距调节传感器和车距调节控制单元。车距调节传感器和车距调节控制单元安装在同一壳体内，如果传感器/控制单元任一元件发生故障，则必须换掉整个车距调控系统感应器发射模数化频率信号并接收反射信号。控制单元对雷达探测信号及其他附加输入信号进行处

理。通过这些信号可以在雷达探测范围内众多物体中找出作为进行相关调控参照物的车辆。如图 3-3-7 所示通过支架上的调节螺栓可以调节车距传感器的安装位置。

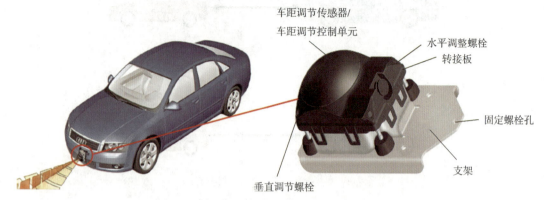

图 3-3-7　车距调节传感器和车距调节控制单元安装位置

②操纵和显示。通过位于转向柱左侧的操作杆来进行操作，显示仪表共有三个显示区，如图 3-3-8 所示。

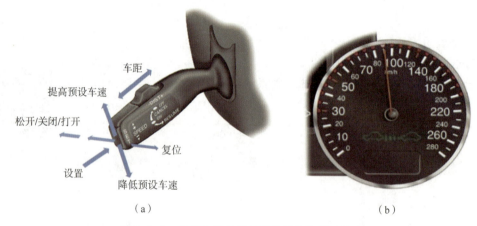

（a）　　　　　　　　　　　　　　　　　　　（b）

图 3-3-8　自适应巡航系统操作手柄和显示仪表

（a）操纵手柄；（b）显示仪表

a. 所有重要信息总在里程表中央进行显示。

b. 那些与系统有关的信息将在仪表中央显示屏显示，如图 3-3-9 所示。

c. 辅助信息，详细的系统功能进行进一步的解释，可由驾驶员打开附加显示屏进行显示。只需按下刮水器操作杆下方的 RESET（复位）键就能获得显示，如图 3-3-10 所示。

图 3-3-9　仪表中央显示屏

图 3-3-10　辅助信息显示

（4）自适应巡航系统的工作原理。

安装在车头的雷达传感器会感应出前方车辆。电子控制系统测出两车间距，并会自行计算前方路程的角度情况和相对速度，并判断应保持的最小车距。由 ACC 对发动机（电机）、变速器和制动电子设备进行控制，以适应该距离，如图 3-3-11 所示。

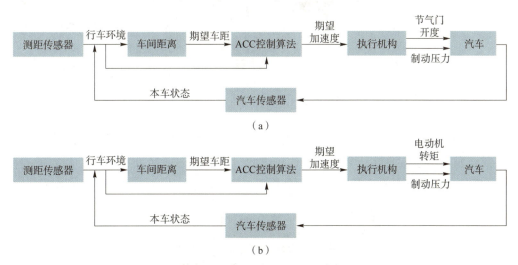

图 3-3-11　自适应巡航系统的工作原理框图
（a）传统燃油汽车；（b）电动汽车

①车距测量。发射信号和接收到反射信号所需要的时间取决于物体之间的距离，如图 3-3-12 所示。

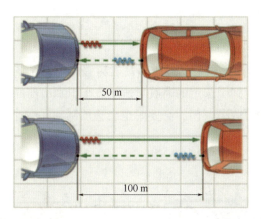

图 3-3-12　发射器/接收器与物体之间距离同信号传递时间的关系

②确定前车的车速。为获取前方车辆车速需要一个物理效应，该效应被称作"多普勒效应"。当发射器与被探测目标的距离缩短时，发射电波的频率升高，相反情况时则频率下降。

举例说明：当消防车接近时，行人听到的是恒定高音的喇叭信号（高频）。当消防车远离时，行人听到的是低音的喇叭信号（频率跌落—低频），如图 3-3-13 所示。

③确定前车的位置。雷达信号呈叶片状向外扩散信号的强度随着与车上发射器的距离增

图 3-3-13 多普勒效应

大而在纵向和横向降低。要想确定车辆位置，还需要一个信息：就是本车与前车相对运动的角度。这个角度信息是通过一个三束雷达获得的。各个雷达束接收（反射）信号的振幅比（信号强度）传递的就是这个角度信息，如图 3-3-14 所示。

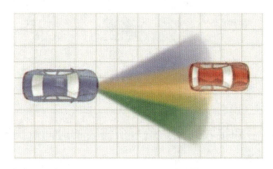

图 3-3-14 确定前车位置

④自适应巡航系统的工作原理

如图 3-3-15 所示，蓝车驾驶员已经激活自适应巡航控制系统，并选定了巡航车速 v 和巡航车距 D，蓝车已经加速到了选定的巡航车速。蓝车识别出前面的红车与自己行驶在同一条车道上，于是蓝车会通过收节气门，必要时也会施加制动来减速，直至两车之间的距离达到设定的巡航距离。

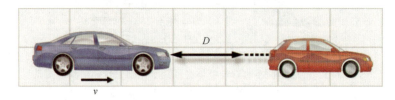

图 3-3-15 巡航车速 v 和巡航车距 D 选定

如果这时有另一辆车（摩托车）闯入蓝、红两车之间，那么自适应巡航控制系统施加的制动就不足以使蓝车和摩托车之间的距离达到设定的巡航车距，于是就有声、光报警信号来提醒驾驶员：应踏下制动踏板施加制动。

如果前车驶离车道，那么雷达传感器会检测到这一情况，于是蓝车又开始加速，直至达到设定的巡航车速。

三、任务实施

1. 实施准备

检测巡航控制系统需要的具体材料如下：

（1）新能源汽车底盘技术学材、维修手册。

（2）装备 CCS 的车辆、举升机、车内外三件套、绝缘防护装备、故障诊断仪。

实训前提示安全注意事项：注意人身安全，防止机件碰伤身体。

2. 实施内容

（1）准备工作。

①车辆防护。安装车轮挡块、车内外三件套，确认换挡杆置于空挡，驻车制动器操纵杆拉起。打开前机舱盖，安装车外三件套。

②分组查看车辆。

（2）确定故障现象。

起动车辆，行驶中开启定速巡航开关没有反应，定速巡航功能失效。

（3）利用故障诊断仪诊断故障。

连接故障诊断仪，打开起动开关，进入车辆诊断系统，读取整车数据后，进入车身控制模块，读取故障码与数据流。车辆下电后，清除故障码，再次上电后，使用故障诊断仪再次读取故障码，判断定速巡航系统状态，查看相关电路图，分析故障原因。

（4）故障检测。

检测蓄电池电压正常，根据故障码所指元件，依据电路图（图 3-3-16）选取巡航开关项目，拨动巡航开关，观察数据流变化，数据流变化不符合开关相应动作，则巡航开关及线路故障。测量电路正常后可判断元件损坏，应修理或更换。定速巡航系统故障排除后要将故障码清除，清除系统故障码也用故障诊断仪来完成，按操作提示进行即可。

（5）定速巡航系统的操作。

①找到定速巡航系统操作杆，一般安装在转向盘和仪表盘处，方便驾驶员操作的地方。

②定速巡航早在车速达到 30 km/h 或以上时才能使用，将定速巡航操纵杆上的开关拨到"ON"位置。

③开关拨到"ON"后，按下定速巡航操纵杆调速开关"SET/-"巡航开始工作。调节巡航操纵杆调速开关上的"SET/-"或"RES/+"可以进行巡航车速的调整，设定不同的巡航车速。

④调节定速巡航操纵杆开关，将巡航开关拨到"OFF"可以关闭巡航设置。另外踩下制动踏板可以解除巡航设置。

（6）复位工作。

（7）总结巡航控制系统各组件安装位置及诊断思路，完成实训工单并上交。

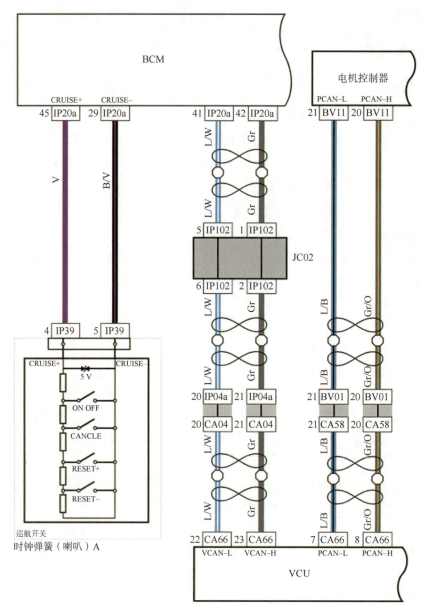

图 3-3-16 吉利 EV450 CCS 电路图

四、思考与练习

1. 选择题

自适应巡航控制系统工作的前提条件是（　　　）。

A. 与前方车辆的距离　　　　　　　　B. 与前方车辆的速度

C. 与前方车辆的位置　　　　　　　　D. 以上都对

2. 判断题

（1）当驾驶员踩下制动踏板时定速巡航会被自动解除。　　　　　　　　　（　　　）

（2）巡航控制系统由巡航控制开关、传感器、巡航控制 ECU、执行器等组成。（　　）

（3）设定巡航车速后，仍可按常规方法用加速踏板进行加速。（　　）

（4）自适应巡航控制系统是一种智能化的自动控制系统，在车辆行驶过程中，安装在车辆前部的车距传感器（雷达）持续扫描车辆前方道路，同时轮速传感器采集车速信号，控制车辆行驶。（　　）

（5）从功能上讲，自适应巡航和定速巡航最大的区别是定速巡航不能跟随汽车，系统不能自动决定是制动还是加速，而只能设定一定的速度。（　　）

五、知识拓展

巡航控制系统发展史

最开始在汽车上使用的拉线式定速巡航器是机械控制，逐渐发展为电子式定速巡航系统，提高了精度的同时，也降低了机械结构的故障率。1945 年，定速巡航系统是由一位不会开车的盲人研制成功的。美国的盲人发明家拉尔夫·蒂托（Ralph Teetor）在一次乘车出游的旅途中，他的朋友每当和他谈话时，就会不由自主地改变车速，对于普通人来说不会感到特别不妥，但这种忽快忽慢的感受却让敏感的盲人感到非常不适，所以拉尔夫·蒂托发明了定速巡航系统。但当年的定速巡航仍然非常简陋，它通过车辆传动轴的转速来计算车辆的行驶速度，再通过电磁螺线管来控制节气门的开度，从而实现对车速的控制。1958 年，克莱斯勒帝国轿车首次搭载了这套系统，如图 3-3-17 所示。

图 3-3-17　克莱斯勒帝国轿车

后来经过克莱斯勒、美国 RCA 公司和现代化技术的发展，变成了现在大家熟知的定速巡航系统，简称 CCS。CCS 按照驾驶员本人设定的速度不用踩踏加速踏板的情况下保持车速（40 km/s 以上的任何速度），一般情况下只要踩踏离合器或者制动踏板，定速巡航系统就会退出。并且在巡航过程中驾驶员还能对预定的车速进行加速和减速。

ACC 自适应巡航控制系统相比只能根据驾驶员设置的速度进行恒速巡航的定速巡航控制系统，ACC 可以自动与前车保持安全距离，无须反复调节巡航控制，减轻驾驶员疲劳，更提高了安全性。20 世纪 80 年代末 90 年代初期，三菱汽车公司开始研究智能驾驶技术，减轻驾驶员的负担并提升安全性。1991 年三菱汽车公司在 Debonair 豪华轿车上安装一个激光雷达距离探测装置，但它只是一个基本的预警系统，并没有车辆调节速度的功能。1995 年，三菱的首台量产版 ACC 自适应巡航系统问世，它也成为首家提供自适应巡航控制系统的厂商。这款 ACC 自适应巡航控制选装在 1995 年的 Diamante 豪华轿车上，系统中的探测部

件是前保险杠中装备的激光雷达以及中后视镜前配备的一台微型摄像头。行驶中，当与前方车辆的距离缩短时，系统根据探测器的数据做出响应自动松节气门或降挡（自动变速器车型）以降低车速。如果距离过近，系统会通过报警音提示驾驶员。与今天的ACC自适应巡航控制不同，它没有和制动系统关联，所以当与前面的车辆是急制动时，它就反应不过来了。

20世纪90年代后期，奔驰、福特、大众、捷豹等汽车公司都开始研究自己的ACC自适应巡航系统。奔驰公司在1999年推出了量产版的ACC自适应巡航控制系统，并首先选装在S级奔驰轿车上。它以普通雷达作为探测器，并增加了自动制动功能。完善了ACC自适应巡航控制的设计理念，让其性能有了一个质的飞跃。

目前，很多自适应巡航系统必须在车速大于30 km/h时才会起作用。当车速降低到30 km/h以下时就需要驾驶员自己操作。而长安CS75搭载的ACC自适应定速巡航系统，则可以实现0~150 km/h的全速设置——当前车缓慢停下时，长安CS75也会跟着前车完全停下，前车起步，长安CS75也会跟随着起步，填补了中国品牌汽车0~30 km/h不能设置跟车控制的空白，如图3-3-18所示。ACC作为智能驾驶技术，将是未来汽车发展方向，继续拓展巡航功能，将会实现全速度范围内的加减速和主动变换车道的能力，新功能的实现需要新的传感器、更加优化的控制器和执行器，国产自主品牌需要加大技术创新，迎接科技新时代。

图3-3-18　长安CS75汽车

项目四　新能源汽车转向系统

 项目描述

　　汽车转向性能是汽车的主要性能之一，转向系统的性能直接影响汽车的操纵稳定性，它对于确保车辆的安全行驶、减少交通事故以及保护驾驶员的人身安全、改善驾驶员的工作条件起着重要的作用。本项目介绍新能源汽车转向系统，该项目包括两个工作任务：

　　任务4-1　检测电动助力转向系统

　　任务4-2　认识四轮转向系统

任务 4-1　检测电动助力转向系统

🎯 学习目标

　　知识目标：掌握电动助力转向系统的功能和类型。

　　　　　　　　熟悉电动助力转向系统的组成和工作原理。

　　能力目标：能向客户介绍电动助力转向系统。

　　　　　　　　能对电动助力转向系统故障进行分析并检测。

　　素养目标：树立绿色、低碳理念和安全生产意识。

　　　　　　　　培养奋斗精神和爱岗敬业的职业素养。

　　　　　　　　严格执行检测电动助力转向系统操作规范，养成严谨细致的工作习惯。

思政育人

通过拓展介绍线控转向系统发展史，培养学生坚持不懈的奋斗精神，不断探索汽车新技术，迎接科技新时代。

一、任务引入

一辆吉利 EV450 新能源汽车发生转向沉重的故障，仪表转向故障指示灯点亮，经检查确认电动助力转向系统电机出现故障，需要更换，你能完成这个任务吗？

二、知识链接

1. 电动助力转向系统的功能

电动助力转向系统（EPS）是一种直接依靠电动机提供辅助转矩的电动助力式转向系统。EPS 能根据不同情况产生适合各种车速的动力转向，不受发动机停止运转的影响，在停车时，驾驶员也可获得最大的转向助力；汽车行驶过程中，电子控制装置可以调整电动机的助力以改善路感。汽车低速行驶时可使转向轻便、灵活；而在中、高速行驶时又要求驾驶员增加转向操纵力，使转向手感增强，从而可获得良好的转向路感，提高转向操纵的稳定性。

新能源汽车电动转向系统与传统汽车的电动转向系统基本相同。由于纯电动汽车取消了内燃机，不能通过内燃机驱动液压助力油泵的方式来实现液压助力，电动助力转向系统是完全独立于发动机运作的。因此，大多数纯电动汽车和混合动力汽车都采用电动转向系统，仍有少数混合动力汽车使用电控液压助力转向系统，即在原机械转向系统基础上安装一个电机，作为转向的辅助动力，如图 4-1-1 所示。

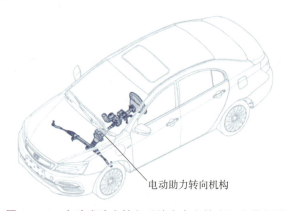

电动助力转向机构

图 4-1-1　电动式动力转向系统在车上的实际安装位置

电动助力转向系统由电动机直接提供转向助力，省去了液压动力转向系统所必需的动力转向油泵、软管、液压油、传送带和装于发动机上的皮带轮，既节省能量，又保护了环境。另外，还具有调整简单、装配灵活以及在多种状况下都能提供转向助力的特点。

2. 电动助力转向系统的类型

电动助力转向系统采用的转向器一般为齿轮齿条式，根据电动机布置的不同，电动助力转向系统可分为转向轴助力式、齿轮助力式、齿条助力式，如图4-1-2所示。

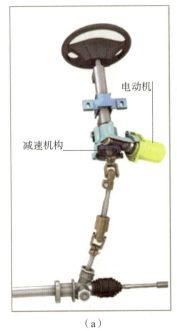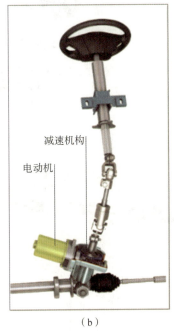

（a）　　　　　　　　　　（b）　　　　　　　　　　（c）

图 4-1-2　电动转向系统的类型

（a）转向轴助力式；（b）齿轮助力式；（c）齿条助力式

1）转向轴助力式

转向轴助力式电动转向系统的电动机固定在转向轴一侧，通过减速机构与转向轴相连，直接驱动转向轴进行动力转向。

2）齿轮助力式

转向助力机构安装在转向器小齿轮处。齿轮助力式EPS的电动机和减速机构与小齿轮相连，直接驱动齿轮助力转向。与转向轴助力式相比，可以提供较大的转向力，适用于中型车，这种形式的助力控制特性方面比较复杂。

3）齿条助力式

转向助力机构安装在转向齿条处。电动机通过减速传动机构直接驱动转向齿条。与转向器小齿轮助力式相比，可以提供更大的转向力，适用于大型车。

3. 电动助力转向系统的组成

电动助力转向系统是在传统机械转向系统的基础上发展起来的。它利用电动机产生的动力来帮助驾驶员进行转向操作，系统主要由机械转向器、传感器（包括扭矩传感器、转角传感器和车速传感器）、转向助力机构（电机、离合器、减速传动机构）、EPS控制单元及故障警示灯组成。电动机仅在需要助力时工作，驾驶员在操纵转向盘时，扭矩转角传感器根据输入扭矩

电动助力
转向系统

109

和转向角的大小产生相应的电压信号，车速传感器检测到车速信号，控制单元根据电压和车速的信号，给出指令控制电动机运转，从而产生所需要的转向助力，如图 4-1-3 所示。

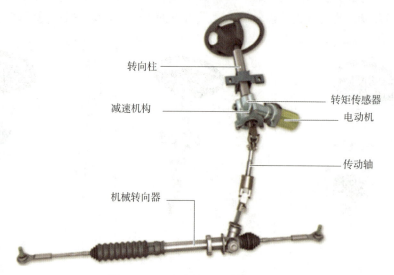

图 4-1-3　电动转向系统基本组成

1）转向器

转向器与传统的机械转向相同，在打转向盘的同时，降速增扭，以减轻驾驶员的转向力。

2）传感器

（1）转矩传感器。

转矩传感器的作用是测量转向盘与转向器之间的相对转矩，以作为电动助力的依据之一。目前采用较多的是扭杆式电位计传感器，它是在转向轴位置加一根扭杆，通过扭杆检测输入轴与输出轴的相对扭转位移得到扭矩，如图 4-1-4 所示。在输入轴上安装有检测环 1 和检测环 2，而检测环 3 安装在输出轴上，输入轴和输出轴通过扭杆连接在一起，检测线圈和校正线圈位于检测环外侧，不经接触可形成励磁电路。检测环 1 和检测环 2 的功能是校正温度误差，它们可以检测校正线圈中的温度变化并校正温度变化引起的误差，如图 4-1-4 所示。

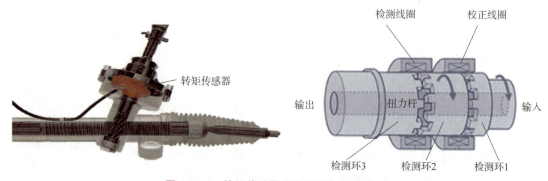

图 4-1-4　转矩传感器安装位置与结构简图

转矩传感器的工作原理：直线行驶时，如果车辆沿直线行驶且驾驶员没有转动转向盘，则此时动力转向 ECU 会检测输出的规定电压，指示转向的自由位置，因此它不向动力转向电动机供电。转向时，驾驶员向左或向右转动转向盘时，扭力杆的扭曲就会在检测环 2 和检测环 3 之间产生相对位移，检测环可以把这个变化转换为两个电信号，并发送到 EPS 控制器（ECU），从而控制转向助力的大小，同时检测传感器故障。

（2）转向角传感器。

转向角传感器为光电式传感器，安装于转向盘下方的转向开关与转向盘之间的转向柱上，与安全气囊时钟弹簧集成为一体，如图 4-1-5 所示。该传感器通过 CAN 总线将转向盘转角信号传递给转向柱电控单元。

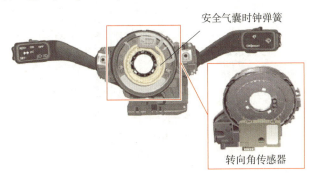

图 4-1-5　转向角传感器安装位置

3）转向助力机构

转向助力机构包含直流电动机、电磁离合器和传动减速机构，这三者为一体，使结构紧凑，如图 4-1-6 所示。电动机、减速机构和转矩传感器都安装在转向柱轴上，转矩传感器为感应式电阻传感器。减速机构通过蜗杆和蜗轮降低 DC 电动机的转速并将之传送到转向柱轴，蜗杆由滚珠轴承支承以减小噪声和摩擦。

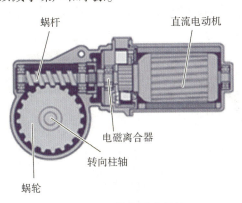

图 4-1-6　转向助力机构

（1）电动机。EPS 系统采用的电动机为小型直流电动机，因此也称 DC 电动机，可以根据 EPS 控制器的信号产生转向助力。DC 电动机包括转子、定子和电动机轴，电动机产生的转矩通过联轴器传到蜗杆，转矩又通过蜗轮传送到转向柱轴，如图 4-1-6 所示。电动机可以转化电池的电能，使齿条运动，通过蜗杆作用在转向柱上。根据发动机的类型、车辆级别、选装级别等，电动机的尺寸会有差异。

（2）电磁离合器。电动式 EPS 一般都设定一个工作范围。如当车速达到 45 km/h 时，就不需要辅助动力转向，这时电动机就停止工作。另外，当电动机发生故障时，离合器会自动分离，这时仍可利用手动控制转向。安装在电动机输出轴上的主动轮内装有电磁线圈，当电流通过滑环进入电磁离合器线圈时，主动轮产生电磁吸力，带花键的压板被吸引与主动轮压紧，于是电动机的动力经过轴、主动轮、压板、花键、从动轴传递给执行机构，如图 4-1-7 所示。

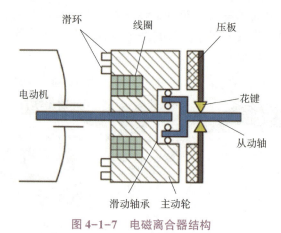

图 4-1-7　电磁离合器结构

（3）减速机构。其作用是增大电动机的输出扭矩，助力电动机转速高、转矩小，必须经由减速机构减增转矩后驱动转向器。采用的减速机构有蜗杆蜗轮传动、螺杆螺母传动、行星齿轮减速、滚珠式齿轮减速机构等。图 4-1-6 所示为蜗杆蜗轮减速机构。

4）EPS 控制单元

EPS 控制单元的作用是根据各传感器发出的信号，起动转向柱上的电动机来提供转向助力。根据车辆状态计算和提交最佳的助力比，在系统某一零部件出现故障的情况下，为电子助力转向提供应急程序。图 4-1-8 所示为 EPS 控制单元工作原理。

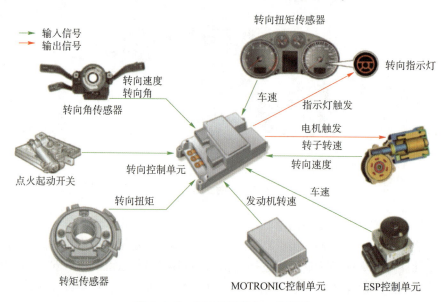

图 4-1-8　EPS 控制单元工作原理

5）故障指示灯

该指示灯位于组合仪表显示屏上。当车辆通电，指示灯亮，这时车辆进行内部自检。当 EPS 检测到故障时，指示灯亮起表示有故障，通过 CAN 总线向整车控制器（VCU）发送故障信息，起动应急程序，转向助力功能仍保持完全正常状态，如图 4-1-9 所示。

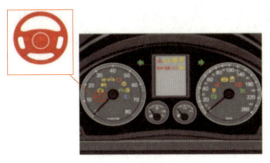

图 4-1-9　故障指示灯

4. 电动助力转向的工作原理

EPS 的基本原理是根据汽车行驶速度（车速传感器信号）、转矩及转角信号，由 ECU 控制电动机及减速机构产生助力转矩，使汽车行驶在低、中、高速下都能获得最佳的转向效果，如图 4-1-10 所示。

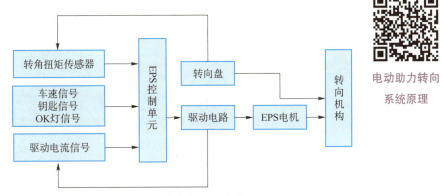

电动助力转向
系统原理

图 4-1-10　电动助力转向工作原理示意图

当整车处于停车下电状态，EPS 不工作（EPS 不进行自检、不与 VCU 通信、EPS 驱动电机不工作）；当钥匙开关处于 ON 挡，ON 挡继电器吸合后 EPS 开始工作。

当汽车转向时，装在转向盘轴上的转矩传感器不断测出转向轴上的转矩，并由此产生一个电压信号。该信号与角度信号、来自 VCU 的车速信号、唤醒信号同时输入 EPS ECU，EPS ECU 根据这些输入信号进行运算处理，确定助力转矩的大小和转向，即选定电动机的电流和转向，调整转向的辅助动力。电流传感器检测电路的电流，对驱动电路实施监控，在同一转向盘力矩输入下，电机的目标电流随车速的变化而变化最后由驱动电路驱动电机工作，实施助力转向。电动机转矩由电磁离合器通过减速机构降速增扭后，加在汽车的转向器上，从而得到一个与工况相适应的转向作用力。

5. 电动助力转向系统常见故障诊断与排除方法

在进行电动助力转向系统故障诊断与排除之前，需先排除非电动助力转向系统的因素（四轮定位、悬架、轮胎等）。

1）电动助力转向系统转向力检查

转向力的检查有助于判断电动助力转向系统的工作情况，具体方法如下：

（1）汽车停放在水平路面上，前轮处于直线行驶位置。

（2）检查轮胎充气压力是否符合标准要求。

（3）起动车辆。

（4）通过弹簧秤钩住转向盘边缘，拉动转向盘相切方向测量转向力。转向力标准一般至少 35 N（弹簧秤 3.5 kg）。

2）电动助力转向系统常见故障诊断与排除方法

电动助力转向系统常见故障诊断与排除方法如表 4-1-1 所示。

表 4-1-1　电动助力转向系统常见故障诊断与排除方法

常见故障	故障原因	排除方法
转向沉重	插接件未插好	插好插头
	线束接触不良或破损	更换线束
	转向盘安装不正确（扭曲）	正确安装转向盘
	转向器故障	更换转向器
	电动机转速传感器故障	更换电动机转速传感器
	车速传感器性能不良	更换车速传感器
	转矩传感器故障	更换转向器
	主熔丝和线路熔丝烧坏	更换熔丝
	EPS 控制单元故障	更换 EPS 控制单元
	动力转向电动机故障	更换转向器
左右转向力矩不同或不均匀	转矩传感器性能不良	更换转向器
	转向器故障	更换转向器
	动力转向电动机故障	更换转向器
	EPS 控制单元故障	更换 EPS 控制单元
行驶时转向力矩不随车速改变或转向盘不能回正	转矩传感器性能不良	更换转向器
	车速传感器性能不良	更换车速传感器
	动力转向电动机故障	更换转向器
	EPS 控制单元故障	更换 EPS 控制单元

3）操作注意事项

（1）处理机械部件时。

①避免撞击转向管柱或转向器总成，特别是转矩传感器或电动机，如果这些部件遭受严

重撞击，需进行更换。

②当移动转向器总成或转向管柱时，不能提拉线束。

（2）处理电子部件时。

①避免撞击电子部件，如 EPS 控制单元和电动机。如果这些部件掉落或受到严重撞击，需要更换。

②不要将任何电子部件暴露在高温或潮湿的环境中。

③不要触碰插接器端子，以防变形或因静电引起故障。

（3）当断开或重新连接插接器时。

必须确认钥匙置于 OFF 位置。

三、任务实施

1. 实施准备

检测电动助力转向系统需要的具体材料如下：

（1）学材、教材：新能源汽车底盘技术学材、维修手册。

（2）实训设备：比亚迪 e5 整车、电动转向系统台架、举升机、车内外三件套、绝缘防护装备；专用工具、设备、组合工具、万用表。

实训前提示安全注意事项：注意人身安全，防止机件碰伤身体。

2. 实施内容

（1）电动助力转向系统组件的识别。

根据实训室的车辆配置，学生分组查找电动助力转向系统各零件，并指出零件名称、安装位置、作用与控制原理。

（2）比亚迪 e5 电动转向机构检修。

①检修前检查。

a. 车辆防护。安装车轮挡块、车内外三件套，确认换挡杆置于空挡，驻车制动器操纵杆拉起。打开前机舱盖，安装车外三件套。

b. 检查冷却液、制动液是否符合标准。

c. 低压蓄电池接线柱是否连接可靠，电压是否符合规定。

比亚迪 e5 电动助力
转向机构检修

②电动助力转向机构检测。

a. 确认故障现象。打开点火开关自检后，故障警告灯点亮。

b. 读取整车数据。利用故障诊断仪检测车辆。

c. 读取故障码。连接故障诊断仪，打开起动开关，进入车辆诊断系统，读取整车数据后，进入转向助力模块，读取故障码，清除故障码，不能清除为实际存在故障，判断电动助力转向机状态，查看相关电路图，分析故障原因。

d. 读取相关数据流，判断电动助力转向机构工作状态。

e. 再次自诊断操作后，若故障码重复显示，即证明故障存在。

③电动助力电动机检测。

a. 举升车辆至合适位置。

b. 检查助力电动机外观是否良好，有无外伤及腐蚀情况。

c. 按压电动助力电动机接插器锁舌，拔下接插器，检查有无异常。

d. 利用万用表检测电动机两个驱动端子绕组阻值，观察并记录测量数值，根据数值判断电动助力电动机工作情况。

注意事项：标准数值为 1 Ω 左右，若电阻值低于 0.5 Ω 则说明助力电动机存在短路故障；若电阻过大，则说明电动机存在断路故障。

e. 更换转向器总成。

f. 装复电动机接插器。

g. 清除故障码。电动助力转向系统故障排除后要将故障码清除，清除系统故障码也用故障诊断仪来完成，按操作提示进行即可。

（3）复位工作。

（4）总结电动助力转向系统各组件安装位置及故障诊断思路，完成实训工单并上交。

四、思考与练习

1. 选择题

EPS 是（　　）系统的简称。

A. 驱动防滑　　　　　B. 电控助力转向　　　C. 并线辅助　　　　　D. 电子稳定程序

2. 判断题

（1）当 EPS 系统出现故障，转向系统仍应该保证最基本的机械转向功能。　　　（　　）

（2）当动力转向系统发生故障或失效时，应保证通过人力能够进行转向操纵。　　　（　　）

（3）转矩传感器的作用是测量转向盘与转向器之间的相对转矩。　　　（　　）

（4）汽车直线行驶时，动力转向机构处于工作状态。　　　（　　）

五、知识拓展

线控转向系统发展史

在汽车的发展历程中，转向系统经历了 5 个发展阶段：机械式转向系统（MS）、液压助力转向系统（HPS）、电控液压助力转向系统（EHPS）、电动助力转向系统（EPS）和线控电动助力转向系统（SBW）。

线控转向技术源于航空航天技术。线控转向系统源自 NASA（美国宇航局）的航天科技 Flying by Wire，最早出现在 1964 年试飞的阿波罗登月研究车上，那时的飞行器还停留在机械或液压控制转向的阶段。后来在 1981 年 4 月 12 日首次发射的哥伦比亚号航天飞机上，也开始使用了线控转向系统，为航天飞机提供转向的技术。线控转向开始在非航天飞机领域使用首先搭载在战斗机上，民航客机也随之采用了此项技术，1987 年首飞的空中客车 A320 是世界上第一款在驾驶舱与执行机构之间搭载线控转向系统的民航客机。

德国奔驰公司在 1990 年开始研究前轮线控转向，并将它开发的线控转向系统应用于概念车 F400Carving 上。宝马汽车公司的概念车 BMWZ22、意大利 Bertone 设计的概念车 FILO、雪铁龙越野车 C-Crosser 都采用了线控转向系统。2003 年日本本田公司在纽约国际车展上推出了概念车 LexusHPX，采用线控转向系统和仪表盘集成各种控制功能，实现了车辆的自动控制。

传统转向系统工作时，驾驶员转动转向盘是通过机械机构来操纵汽车的。线控转向系统（By-wire）是由"电线"或者电信号实现传递控制，而不是通过机械连接装置来操作的，去掉了转向盘和转向轮之间的机械连接，具有操纵性、稳定性能更优的特点，且作为主动转向干预的一种方式，是当前转向系统的研究热点之一，英菲尼迪 Q50 是首个采用的 DAS 线控主动转向技术的量产车型，如图 4-1-11 所示。

图 4-1-11　汽车线控转向技术

我国长安汽车公司以长安 CX30 为平台，如图 4-1-12 所示，将传统的液压转向系统改为线控转向系统，是国内第一辆装备 SBW 转向系统并进行了场地试验的乘用车。系统采用了自主开发的转向盘模块、转向执行模块以及 SBW 控制器，实现了转向盘与转向轮间转矩与位置的耦合控制，具有可变的转向系统角传动比和力传动比特性，这些特性可以根据驾驶员的不同需求通过软件进行线调整。线控转向系统是将动作转化成电信号，由电线来传递指令操纵汽车。线控系统需要高性能的控制器，主要优点包括：可实现多功能全方位的自动控制，以及为汽车系统集成提供了先决条件；省略车辆前舱一部分转向机械结构的占用空间；转向回正力矩能够通过软件依据驾驶员的要求进行调整；没有机械的转向管柱，提高车辆的碰撞安全性；驾驶员腿部活动空间增加，出入更方便自由，舒适性得到提高。其缺点主要有需要较高功率的力反馈电机和转向执行电机；复杂的力反馈电机和转向执行电机的算法实现；冗余设备导致额外增加成本和质量。

图 4-1-12　装配 SBW 系统的长安 CX30

任务4-2　认识四轮转向系统

学习目标

知识目标：掌握四轮转向系统的类型和特性。

了解四轮转向系统的结构和工作原理。

能力目标：能向客户介绍四轮转向系统的特性。

素养目标：树立忧患意识和自主学习意识。

培养学生良好的心理素质和创新精神，养成高效率完成工作的习惯。

思政育人

通过四轮转向系统发展史介绍，树立远大目标，培养学生为我国工业制造拓土开疆的创新精神。

一、任务引入

一辆新能源汽车在车位停车时，特别灵活，小王发现该车的前轮转向的同时，后轮也随之转动，这是如何实现的呢？

二、知识链接

1. 四轮转向系统的特性

四轮转向系统

四轮转向系统（4WS，Four-Wheel Steering 或 All-Wheel Steering）是指汽车转向时，4个车轮都可以相对车身主动偏转，使之起到转向作用，以改善汽车的转向机动性、操纵稳定性和行驶安全性，主要应用在一些比较高级和新型轿车上。

1）汽车转向特性

（1）低速时的转向特性。如图4-2-1所示，2WS时，转向中心在后轴的延长线上；4WS时，转向中心比2WS更靠近车辆，即转向半径小。汽车在低速转向行驶时，依靠逆向转向（前、后车轮的转角方向相反）获得较小的转向半径，改善汽车的操纵性，并且偏转角度应随转向盘转角增大而在一定范围内增大。如汽车急转弯、掉头行驶、避障行驶或进出车库时，使汽车转向半径减小，机动性能提高。这时，四轮转向汽车可以轻松地通过两轮转向汽车需多次反复倒车才能通过的地方。

（2）高速时的转向特性。汽车在中、高速行驶转向时，依靠同向转向（前、后车轮的转角方向相同）减小汽车的横摆运动，使汽车可以高速变换行进路线，提高转向时的操纵稳定性，如图4-2-2所示。如汽车通过不大的弯道或汽车变道时，使汽车车身的横摆角度

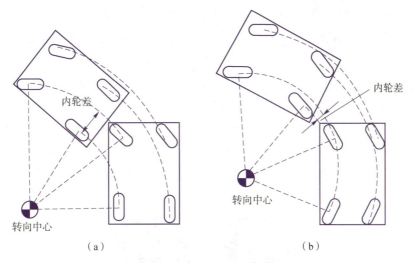

图 4-2-1　低速转向特性

（a）2WS 转向车辆；（b）4WS 转向车辆

和横摆角速度大为减小，使汽车高速行驶的操纵稳定性显著提高。

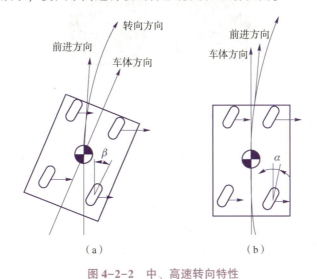

图 4-2-2　中、高速转向特性

（a）2WS 转向车辆；（b）4WS 转向车辆

2）四轮转向系统的优点

（1）直线行驶稳定性好。在高速工况下车辆的直线行驶稳定性提高，有助于减少车辆侧滑或扭摆，路面不平度和侧风对车辆行驶稳定性影响减小，提高了操纵稳定性。

（2）转向能力强。车辆在高速行驶或湿滑路面上的转向特性更加稳定。

（3）转向响应快。在整个车速变化范围内，车辆对转向输入的响应更迅速、更准确。

（4）低速操纵轻便性，机动性好。低速行驶时，后轮转弯方向与前轮相反，车辆转弯半径大大减小，更容易操纵。

（5）变换车道稳定性好。车辆高速行驶变换车道的稳定性提高。

2. 四轮转向系统的类型

（1）按照后轮转向机构控制和驱动方式的不同，电控四轮转向系统可分为电控机械式、电控液压式和电动式三种。目前应用最广泛的四轮转向系统是电动式。

（2）按转向方式的不同，四轮转向系统可以分为同向位转向和逆向位转向。同向位转向是指转向系统中后轮与前轮的转向方向相同，这种转向方式转弯半径比两轮转向的转弯半径大，减小了汽车调整行驶转向时的旋转和侧滑，适于汽车高速行驶时的转弯或变换车道的情况。逆向位转向是指转向系统中后轮与前轮的转向方向相反，这种转向方式转弯半径比两轮转向的转弯半径小，提高了汽车停车或狭小空间转向的机动性，适于汽车低速行驶时调头或倒车的情况，如图 4-2-3 所示。

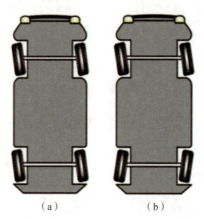

（a）   （b）

图 4-2-3　同向位转向和逆向位转向示意图

（a）同向位转向；（b）逆向位转向

（3）按前、后轮的偏转角和车速之间的关系不同，四轮转向系统分为转角传感型和车速传感型。转角传感型是 4WS 控制方式通过传感器判断车轮偏转角度，经过控制器分析后指令后轮随着前轮的左右转动而进行同向偏转或反向偏转。车速传感型是当车速小于某数值时（通常为 40 km/h 左右）时，前后轮转向逆向位转向；当车速高于该数值时，前后轮转向同向位转向。车速感应型转向时后轮偏转的方向和转角的大小要受车速高低控制并且随车速的高低而变化。

3. 四轮转向系统的组成

四轮转向系统前轮采用传统转向系统，后轮采用直接助力式电动转向系统。其结构主要由前轮转向系统、ECU、传感器、后轮转向执行机构等组成。电控四轮转向系统的结构如图 4-2-4 所示。

1）传感器

四轮转向系统主要有车速传感器、车身横摆角速度传感器和前、后轮转角传感器将汽车转向的各种工况信息转换成电信号，传给 ECU 进行分析计算。

（1）车速传感器。对于四轮转向系统主要作用是将汽车前进速度检测出来，以脉冲信号的形式输出，送入四轮转向系统 ECU。

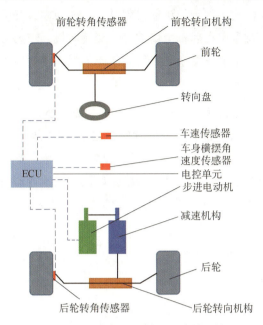

图 4-2-4　电控四轮转向系统的结构

（2）车身横摆角速度传感器。对于四轮转向系统主要作用是检测汽车转向时的车身横摆角速度，转换成电信号输入 ECU，由 ECU 下达指令实施控制汽车的转向运动，保证汽车转向行驶时的稳定性。

（3）前、后轮转角传感器。前、后轮转角传感器分别安装在前、后轮转向机构靠近车轮一侧，用来检测前、后轮的瞬时偏转角。

2）电控单元

电控单元 ECU 是四轮转向系统的核心。在此转向系统中，前轮转向器和后轮转向执行器之间无任何机械连接装置。四轮转向控制单元对输入的传感器信息进行分析处理，计算出所需的后轮转向角，并操纵后轮转向执行器步进电动机使后轮实现正确的转向。

3）步进电动机

电动机采用步进电动机，其功用是根据 ECU 的指令输出适宜的转角和转矩，驱动后轮转向机构，控制后轮转向，是后轮转向系统的驱动执行器。

4）减速机构

减速机构的功用是降低步进电动机转速，增大步进电动机传递给转向传动机构的转矩，常采用蜗轮蜗杆机构或行星齿轮机构。

4. 电控四轮转向系统的工作原理

以车速感应型四轮转向系统为例，其工作特点是后轮偏转的方向和转角大小主要受车速的控制，同时也响应前轮转角、横摆角速度的变化。转向时，传感器采集的前轮转角、车速、横摆角速度等信号送入 4WS 电控单元（ECU），ECU 将实时监控汽车运动状态，根据参数和控制策略分析计算后轮转角，并向步进电动机输出驱动信号，通过后轮转向机构驱动后轮偏转以适应前轮转向，实现四轮转向。系统设有两种转向模式，既可进入四轮转向模式，也可保持传统的两轮转向模式，驾驶员可通过驾驶室内转向模式开关进行选择。

要想实现四轮转向，就需要在后轴上增加一整套转向机、转向拉杆，还需要诸多传感器监控车辆状态，这就增加了车辆的复杂性，发生故障的概率也就更大。

5. 四轮转向系统的失效保护功能

如果四轮转向 ECU 检测到系统出现故障，将使系统转换到失效保护状态。在这种状态下，仪表板上的"4WS"指示灯常亮，警告驾驶员 ECU 存入故障码，以便于检测维修。同时，控制 ECU 切断后轮转向执行器电源，后轮自动回到中间位置，汽车自动进入前轮转向状态，保证汽车以两轮转向系统安全行驶。为防止后轮转向执行器断电时回正过快而造成方向不稳，ECU 在使系统进入保护状态的同时，会施加阻尼力矩，使回正弹簧缓慢地将后转向横拉杆推回到中央位置。

三、任务实施

1. 实施准备

认识四轮转向系统需要的具体材料如下：

（1）学材、教材：新能源汽车底盘技术学材、维修手册。

（2）实训设备：四轮转向台架、组合工具。

实训前提示安全注意事项：注意人身安全，防止机件碰伤身体。

2. 实施内容

（1）四轮转向系统组件的识别。

①依据实训室的实训台架配置，学生根据所学四轮转向系统基本知识内容，认识四轮转向系统组成部件以及各部件之间的关系。

②学生分组模拟演示低速、中速、高速时的转向状态，绘制四轮转向系统控制原理框图。

（2）学生说出四轮转向与二轮转向的区别。

（3）学生分组操作演示低速、中速、高速时的四轮转向状态，并记录转向角情况。

①当车速达到 35 km/h 时，后轮转向角度为 0°；

②当车速大于 35 km/h 时，后轮转向与前轮方向相同，其角度随车速上升逐渐增加。

（4）复位工作。

（5）总结四轮转向系统各组件安装位置及工作过程，完成实训工单并上交。

四、思考与练习

1. 选择题

（多选题）下面是四轮转向系统优点的是？（　　　　）

A. 转向能力强、响应快　　　　　　B. 直线行驶稳定性好

C. 换车道时稳定性好　　　　　　　D. 低速机动性好

2. 判断题

采用四轮转向系统的汽车在转向时，后轮可相对车身主动转向，使汽车的4个车轮都能起转向作用，以改善汽车的转向机动性、操纵稳定性和行驶安全性。　　（　　）

五、知识拓展

四轮转向系统发展史

早在1907年的德国，当时为了扩展殖民的需要，德国殖民办公室向戴姆勒公司订购了一辆可以四轮转向的汽车，叫 Dernburg Wagen。它采用了6座旅行车的车身设计，车长4.9 m、宽1.42 m，包括顶篷高度超过2.7 m，载重量约为3.6 t。为了能有更好的机动性和可操作性，该车配置了永久全轮驱动技术以及连贯的全轮操作系统，其卓越的爬坡能力比其他汽车增加了25%。它也是汽车历史上第一款全轮驱动的汽车。

在20世纪的80、90年代，日本就在很多的高档车上采用了后轮转向的技术，其中比较著名的是本田 Prelude。本田 Prelude 是一款诞生于1978年的双门跑车。在所有的日系车中，Prelude 是首款配置电动天窗、四轮 ABS、四轮转向、ATTS 等技术车型。第三代的 Prelude 装配了 B20A 系列 2.0 L 四缸发动机和四速自动/五速手动变速器，采用了一套纯机械式的四轮转向系统，转向盘通过长长的拉杆直接控制后桥的转向机构，保证工作稳定的同时，还能获得良好的驾驶体验。1992—2001年的第四、五代 Prelude 车型把机械式四驱系统换装了电控式四轮转向。

2008年推出的第五代宝马7系（F01/02）上也部分配置了四轮转向系统。同时5系、6系轿车也可以选装带有四轮转向系统的运动包。奥迪新 Q7 也配备了四轮转向系统，2.0 T 发动机的车型，从静止加速至100 km/h 仅需7.1 s。四轮转向系统提高了 Q7 的运动性和科技感。

2013年，保时捷991世代的911 GT3 带着这项技术高调出场。GT3之后，911 Turbo 系列也开始用四轮转向技术。

智己汽车是由上汽集团、张江高科和阿里巴巴集团共同打造的全新汽车品牌。2021年智己汽车首款量产车型——高端、豪华、智能的智己 L7，如图4-2-5所示。智己 L7 采用的四轮转向技术是与奔驰 S 级同款的采埃孚第二代 AKC 后轮转向系统，可以实现双向共12°的后轮转向角度，拥有5.4 m 的超小转弯半径。在高速过弯和在窄路掉头的时候，能极大程度地辅助驾驶员来操控车辆。

图4-2-5　智己 L7

　　我国863计划电动汽车专项首席科学家万钢领衔研发了"线控转向四轮驱动微电动轿车技术"汽车，汽车的4个车轮边上分别安装一个轮毂电机，通过线传电控技术控制车轮的转向和车速，提高了整车的主动安全性和操纵稳定性。

　　2021年华人运通发布了一款国内首个基于量产导向研发的四轮转向轮毂电机工程车"HOV-RE05"。四轮实现真正的转向，它可以实现车辆的平移换道、稳定的循迹转向、窄巷掉头、蛇形绕桩、车型停车、定点漂移、原地180°掉头、原地360°旋转等功能。通过前后共四个车轮不同的转向角度，让车辆更加平稳、更加快速、更加便捷，更加小的半径来操控车辆，这项技术未来将会被量产。

项目五　新能源汽车制动系统

　项目描述

　　制动系统是汽车安全系统之一，能产生和控制汽车制动力的一套装置。制动系统在电子化技术方面取得了突破性进展，现代汽车的许多电子控制系统都是在 ABS 功能的基础上拓展而来的。新能源汽车制动系统主要在传统汽车制动系统基础上增加了电动真空助力系统，以及采用制动能量回收模式。本项目介绍新能源汽车制动系统，该项目包括五个任务：

　　任务 5-1　检测电动真空助力系统

　　任务 5-2　检测防抱死制动系统

　　任务 5-3　检测电子稳定程序控制系统

　　任务 5-4　检测电子驻车制动系统

　　任务 5-5　认识再生回收制动系统

任务 5-1　检测电动真空助力系统

学习目标

　　知识目标：掌握新能源汽车制动系统的组成。

　　　　　　　　理解新能源汽车制动系统的工作原理。

　　　　　　　　熟悉电动真空泵的故障诊断流程。

　　能力目标：能向客户介绍新能源汽车制动系统组件。

　　　　　　　　能对电动真空泵故障进行分析并检测。

　　素养目标：树立安全意识和紧跟时代步伐，顺应实践发展理念。

培养社会责任感和团队协作精神。

严格执行检测电动真空助力系统操作规范，养成严谨细致的工作习惯。

思政育人

通过拓展介绍智能助力器先进技术，鼓励学生努力学习专业知识，向国外先进技术学习，为我国新能源汽车产业发展助力，培养学生的社会责任感。

一、任务引入

一辆新能源汽车踩制动踏板时没有制动助力，车辆上电正常，经维修技师检查，认为真空助力系统故障，请根据此故障现象，采集相关数据信息，进行分析与检测。

二、知识链接

1. 新能源汽车制动系统的功能

新能源汽车的制动系统目前包括行车制动系统、驻车制动系统和辅助制动系统（电机馈能制动）。其功能是使汽车减速、停车、驻车并具有制动能量回收功能。新能源汽车制动系统与传统汽车制动系统的区别不大，主要不同的是新能源汽车在传统汽车液压制动系统基础上增加了电动真空助力系统，以及采用制动能量回收模式。下面着重介绍与传统汽车制动系统不同的结构。

传统内燃机轿车制动系统的真空助力装置的真空源来自发动机的进气歧管，真空度负压一般可达到-0.05~-0.07 MPa。对于由传统车型改装成的纯电动车或燃料电池汽车，发动机总成被拆除后，制动系统由于没有真空源而丧失真空助力功能，为了产生足够的真空，除了一个具有足够排气量的电动真空泵外，如图5-1-1所示，为了节能和可靠，还要为电动真空泵电动机设计合适的工作时间。一般燃油车进气歧管会在4~5 s使真空助力器前后腔内产生-50 kPa以上的真空度，所以在设计电动真空泵时，电动真空泵也需在4~5 s使真空助力器前后腔内产生-50 kPa以上的真空度。

制动油壶　　真空助力器

制动主缸　　电动真空泵

图5-1-1　混合动力汽车电动真空泵安装位置

2. 纯电动汽车制动系统

纯电动汽车采用的液压制动系统与传统汽车基本结构区别不大，但是在液压制动系统的真空助力系统上存在较大的差异。

绝大多数的汽车采用真空助力伺服制动系统，使人力和助力并用。真空助力器利用前后腔的压差提供助力。对于纯电动汽车由于没有发动机总成即没有了传统的真空源，仅由人力所产生的制动力无法满足行车制动的需要，通常需要单独设计一个电动真空泵来为真空助力器提供真空源。这个助力系统就是电动真空助力系统，即 EVP 系统（Electric Vacuum Pump）。

1）电动真空助力系统的组成

电动真空助力系统由真空泵、真空罐、压力传感器、真空泵控制器（后期车型集成到 VCU 整车控制器里）以及与传统汽车相同的真空助力器、12 V 车载电源组成，如图 5-1-2 所示。

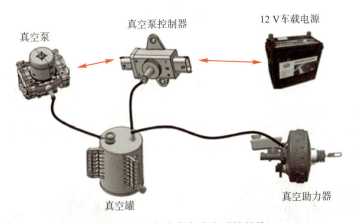

真空泵　　真空泵控制器　　12 V车载电源

真空罐　　真空助力器

图 5-1-2　电动真空助力系统结构

2）电动真空助力系主要组成元件

（1）真空泵。真空泵就是为汽车真空助力系统提供真空负压的装置。它是指利用机械、物理、化学或物理化学的方法对被抽容器进行抽气而获得真空的器件或设备。电动真空泵根据结构的不同分为叶片式、膜片式和活塞式真空泵等，电动真空泵参数对比如表 5-1-1 所示。汽车上通常采用如图 5-1-3 所示叶片式电动真空泵。

表 5-1-1　电动真空泵参数对比

参　数	叶片式	膜片式	活塞式
摩擦及温升	高摩擦、温升速度快	低摩擦、温升速度低	温升速度一般
持续工作时间	—	>200 h	<15 min
使用寿命	1 200~1 400 h	>1 200 h	>400 h
噪声	<70 dB	<60 dB	<60 dB
质量	—	<2.5 kg	<1.6 kg
应用领域	质量小、噪声大、技术成熟、应用范围广，可作独立泵或辅助泵	质量大、噪声小、工作时间长、价格高，主要作独立泵使用	质量较好、噪声小，可作辅助泵

泵体盖

安装支架

进气口

接插件

直流电动机

图 5-1-3　叶片式电动真空泵

（2）真空罐。真空罐用于储存真空，并通过真空压力传感器感知真空度并把信号发送给真空泵控制器，如图 5-1-4 所示。

（3）真空泵控制器是电动真空系统的核心部件。真空泵控制器根据真空罐真空压力传感器发送的信号控制真空泵工作，如图 5-1-5 所示。

图 5-1-4 真空罐

图 5-1-5　真空泵控制器

3）电动真空助力系统的工作原理

如图 5-1-6 所示，电动真空助力系统的工作过程：当驾驶员起动汽车时，车辆 12 V 电源接通，真空泵控制器开始进行系统自检，如果真空罐内的真空度小于设定值，真空罐内的真空压力传感器输出相应电压信号至真空泵控制器，此时真空泵控制器控制电动真空泵开始工作，当真空度达到设定值后，真空压力传感器输出相应电压信号至真空泵控制器，此时真空泵控制器控制真空泵停止工作。当真空罐内的真空度因制动消耗，真空度小于设定值时，电动真空泵再次开始工作，如此循环。

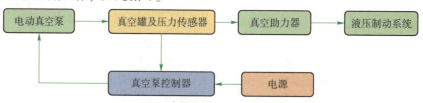

图 5-1-6　电动真空助力系统的工作原理框图

4）电动真空助力系统的检查与诊断

电动真空助力系统的检查与诊断方法如表 5-1-2 所示。

表 5-1-2　电动真空助力系统的检查与诊断方法

序号	常见故障	故障原因	排除方法
1	检查熔丝是否熔断	熔丝熔断	更换熔丝
2	检查电动真空泵继电器是否损坏	损坏	更换继电器
3	检查电动真空泵是否损坏	电路有故障或电动真空泵损坏	检修电路或更换电动真空泵
4	检查真空罐是否漏气	真空罐漏气	更换真空罐
5	检查真空压力传感器是否损坏	损坏	更换真空压力传感器

3. 混合动力汽车制动系统

以典型的丰田普锐斯混合动力汽车的 THS-Ⅱ（第二代再生制动）制动系统为例，介绍混合动力汽车的制动系统。

丰田普锐斯混合动力汽车的 THS-Ⅱ制动系统属于 ECB（电子控制制动）系统。THS-Ⅱ制动系统可根据驾驶员踩制动踏板的程度和所施加的力计算所需的制动力。然后，此系统施加需要的制动力（包括再生制动力和液压制动系统产生的制动力）并有效地吸收能量。

1）THS-Ⅱ制动系统的组成

THE-Ⅱ制动系统的组成包括制动信号输入、电源和液压控制部分，取消了传统的真空助力器。正常制动时，总泵产生的液压力换成液压信号，而不是直接作用在轮缸上，通过调整作用于轮缸的制动执行器上液压源的液压获得实际控制压力。THS-Ⅱ制动系统的组成如图 5-1-7 所示。

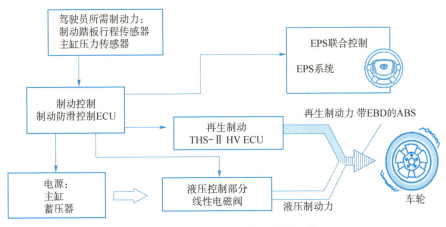

图 5-1-7　THS-Ⅱ制动系统的组成

ECB ECU 和制动防滑控制 ECU 集成在一起，并和液压制动系统（包括带 EBD 的 ABS、制动助力和车辆稳定控制系统）一起对制动进行综合控制。

　　车辆稳定控制系统除了有正常制动控制 VSC 功能外，还能根据车辆行驶情况和 EPS 配合，提供转向助力来帮助用户转向。

　　THS-Ⅱ系统采用电动机牵引控制系统。该系统不但具有旧车型上的 THS 系统拥有的保护行星齿轮和电动机的控制功能，而且还能对滑动的车轮施加液压制动控制，把驱动轮的滑动减小到最低程度，并产生适合路面状况的驱动力。THS-Ⅱ系统制动系统的功能如表 5-1-3 所示。

表 5-1-3　THS-Ⅱ系统制动系统的功能

制动控制系统	功能	概述
ECB 系统	车辆稳定性控制 VSC+	VSC+系统可以在转向时，防止前轮或后轮急速滑动产生的车辆侧滑和 EPS ECU 一起联合控制，以根据车辆的行驶条件提供转向助力
	防抱死制动系统 ABS	制动过猛或在易滑路面制动时，ABS 系统能防止车轮抱死，保证车辆及人员安全
	电子制动力分配 EBD	EBD 控制利用 ABS，根据行驶条件在前分界线和后轮之间分配的制动力。另外转向制动时，它还能控制左右车轮的制动力，以保持车辆平衡行驶
	再生制动联合控制	通过尽量使用 THS-Ⅱ系统的再生制动能力，控制液压制动来恢复电能
	制动助力	制动助力有两个功能，紧急制动时，如果制动踏板力不足，可以增大制动力；需要强大制动力时增大制动力

　　2）混合动力汽车电子制动控制系统主要组成元件

　　ECB（电子制动控制系统）的主要部件有：制动踏板行程传感器、制动灯开关、行程模拟器、制动防滑控制 ECU、制动执行器、制动总泵、备用电源装置。丰田普锐斯混合动力汽车的主要制动组件位置如图 5-1-8 所示。

　　（1）制动踏板行程传感器和制动灯开关，如图 5-1-9 所示。制动踏板行程传感器直接检测用户踩下的制动踏板的程度。此传感器包括触点式可变电阻器，它用于检测制动踏板行程踩下的程度并发送信号到制动防滑控制 ECU，信号采用反向冗余设计。制动灯开关的作用与传统汽车相同，作为控制制动灯及制动踏板动作信号。

　　（2）行程模拟器。制动时根据踏板力度产生踏板行程。行程模拟器位于总泵和制动执行器之间，它根据制动中用户踩制动踏板的力产生踏板行程。行程模拟器包括弹簧系数不同的两种螺旋弹簧，具有对应于总泵压力的两个阶段的踏板行程特征。

　　（3）制动防滑控制 ECU。汽车制动防滑控制系统就是对制动防抱死系统和驱动防滑系统的统称。制动防滑控制 ECU 处理各种传感器信号和再生制动信号以便控制再生制动联合控制、带 EBD 的 ABS、VSC+制动助力和正常制动。根据各传感器信号来判断车辆行驶状况，并控制制动执行器。

　　（4）制动执行器。制动执行器如图 5-1-10 所示，主要由液压源部分、液压控制部分、

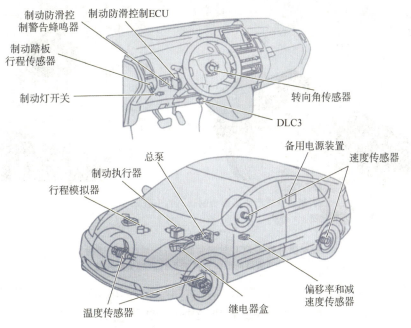

图 5-1-8　丰田普锐斯混合动力汽车的主要制动组件位置

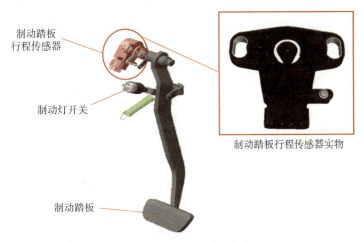

图 5-1-9　制动踏板行程传感器和制动灯开关

总泵压力传感器和轮缸压力传感器组成。液压源部分由泵、泵电动机、蓄能器、减压阀和蓄能器组成，液压源部分产生并存储压力，制动防滑控制 ECU 用于控制制动的液压。蓄能器压力传感器安装在制动执行器中。液压控制部分包括 2 个总泵切断电磁阀、4 个供压式电磁阀和 4 个减压电磁阀。总泵压力传感器和轮缸压力传感器都安装在制动执行器中。

（5）制动总泵。传统汽车制动总泵上的真空助力器被取消，采用了电动机液压助力。制动总泵仍采用双腔串联形式，一旦电动机液压助力失效，制动总泵的前腔和后腔将分别对汽车的左前轮和右前轮进行制动，所以这个总泵也称为前轮制动总泵。制动总泵如图 5-1-11所示。

图 5-1-10　制动执行器

图 5-1-11　制动总泵

（6）备用电源装置。用作备用电源以保证给制动系统稳定的供电，该装置包括 28 个电容器电池，用于储存车辆电源（12 V）提供的电量。当车辆电源电压（12 V）下降时，电容器电池中的电就会作为辅助电源向制动系统供电。关闭电源开关后，HV 系统停止工作时，存储在电容器电池中的电量放电。维修中电源开关关闭后，备用电源装置就处于放电状态，但电容器中仍有一定的电压。在从车辆上拆下备用电源装置或将其打开检查它的盒内部之前，一定要检查它的剩余电压，如必要则使其放电。

3）混动汽车制动系统的工作原理

电源开关（电源信号）打开后，蓄电池向控制器供电，控制器开始工作，此时 EMB 信号灯显示系统应正常工作。用户进行制动操作时，首先由电子踏板行程传感器探知用户的制动意图（踏板速度和行程），把这一信息传给 ECU。ECU 汇集轮速传感器、踏板位置传感器等各路信号。根据车辆行驶状态计算出每个车轮的最大制动力，再发出指令给执行器（电机）执行各车轮的制动。电动机械制动器能快速而精确地提供车轮所需制动力，从而保证最佳的整车减速度和车辆制动效果。

三、任务实施

1. 实施准备

检测电动真空助力系统需要的具体材料如下：

（1）学材、教材：新能源汽车底盘技术学材、维修手册。

（2）实训设备：纯电动车（混合动力汽车）、举升机、组合工具、车内外三件套、绝缘防护装备。

实训前提示安全注意事项：注意人身安全，防止机件碰伤身体。

2. 实施内容

（1）根据实训室车辆配置，学生分组查找制动系统各零件，并指出零件名称、安装位置、作用与控制原理。

①认识真空泵及真空罐，真空泵及真空罐总成安装在机舱内；

②认识真空泵及真空罐通过两根真空管与真空助力器连接；

③认识真空助力器、制动主缸及储液罐；

④认识制动器及制动轮缸；

⑤认识制动系统故障警告灯，如图 5-1-12 所示。

比亚迪 e5 电动真空泵检修

图 5-1-12　制动系统故障警告灯

（2）电动真空泵检修。

①安装车内外三件套。

安装车内外三件套，进行电动真空泵检修前检查。

②确认故障现象。

起动车辆，踩下制动踏板，听是否有电动泵工作声音，是否有真空泵排气声。

③执行高压断电作业。

关闭起动开关，断开蓄电池负极电缆，等待 5 min 以上，断开直流母线，使用万用表验电，确保母线电压低于 50 V。

④利用故障诊断仪诊断故障。

连接故障诊断仪，打开起动开关，进入车辆诊断系统，读取整车数据后，进入控制模块，读取故障码与数据流。车辆下电后，清除故障码，再次上电后，使用故障诊断仪再次读取故障码，判断电动真空泵状态，查看相关电路图，如图 5-1-13 所示，分析故障原因。

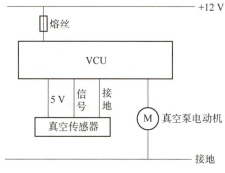

图 5-1-13　真空泵电路图

⑤故障检测。

a. 检测电动真空泵供电电路；

b. 检测电动真空泵插接器的供电情况；

c. 检测电动真空泵继电器状况。

（3）拆装电动真空泵。

①拧松蓄电池负极线固定螺栓，取下负极线，并对负极端子做好防护。

注意事项：拆卸蓄电池负极前，必须确保点火开关处于关闭状态。

②拔出真空泵电动机连接器。

③拔出真空罐真空管快速接头。

④拔出真空泵真空管快速接头。

⑤使用一字螺钉旋具脱开线束固定卡扣。

⑥脱开真空罐真空管管路固定卡扣。

⑦对角拆卸真空泵及真空罐总成固定螺栓。

注意事项：在拆卸真空泵及真空罐总成时，应防止真空泵及真空罐总成自由坠落发生意外，应用手扶住真空泵及真空罐总成，再拆卸真空泵及真空罐总成固定螺栓。

⑧取下真空泵及真空罐总成，并将真空泵及真空罐总成在干净、干燥环境下存放。

⑨安装真空泵及真空罐。

（4）复位工作。

（5）总结新能源汽车制动系统各组件安装位置及故障诊断思路，完成实训工单并上交。

四、思考与练习

1. 选择题

以下哪个设备不属于纯电动汽车高压部件？（　　　）

A. 空调压缩机　　　B. PTC 加热器　　　C. 驱动电机　　　D. 电动真空泵

2. 判断题

（1）一些纯电动车采用了由真空助力器、真空度传感器、整车控制 VCU、电动真空泵工作继电器、真空泵电动机组成的一个闭环真空度控制系统，保证制动时真空助力器的正常工作。　　　　　　　　　　　　　　　　　　　　　　　　　　　　　　（　　　）

（2）电动真空泵按常用结构形式可分为：旋片式、活塞式和膜片式。　　　（　　　）

五、知识拓展

智能助力器 iBooster

汽车零部件供应商博世（BOSCH）公司推出了一款电动机械助力器——iBooster。智能助力器 iBooster 适用于所有动力总成，包括混动和电动车，它是不依靠真空源的机电伺服机构，体积小使制动系统质量更轻，仅制动时消耗能量，方便节能。它利用电子技术，通过电动机直接驱动制动总泵实现制动，如图 5-1-14 所示。助力原理和真空助力器类似，iBooster 利用传感器感知驾驶员踩下制动踏板的力度和速度，并将信号处理之后传给电控单元，电控单元控制助力电机对应的扭矩，在机电放大机构的驱动下，推动制动泵工作，从而实现电控制动，响应速度更快并且能够精准地控制压力，采用电控方式来实现制动后，可实现更多的智能化控制新功能。

图 5-1-14　智能助力器 iBooster

　　博世公司将 iBooster 和 ESP 系统组合开发的再生制动系统，可以提高制动能量回收效率，从而增加纯电续驶里程，推动了现代电动汽车以及混动汽车的快速发展。协调再生制动系统具有较高的协调能力，可以实现减速值最高达 0.3 g 的完全制动能量回收，能覆盖日常行驶中的大部分制动行为，在电机能力满足制动需求时实现 100% 的制动能量回收。当电机能力无法满足制动需求时，进行液压制动补偿，避免减速度波动，保持良好的驾驶感受。协调再生制动系统和传统的再生制动系统相比，能进一步增加新能源车的续驶里程，减少混动车的燃料消耗和二氧化碳排放，尤其是在频繁制动和加速的城市工况下，能量回收性能更优越。

　　iBooster 和 ESP 系统组合还可以促进驾驶辅助系统的发展。在驾驶员不踩制动踏板时，利用电动机，iBooster 独立主动降压速度比传统的 ESP 系统更快，可满足高达 25 cm³/s 的制动液流量要求，可缩短自动紧急制动时间和制动距离，iBooster 可以在 120 ms 的时间内自动把制动力增加到最大值，这个反应时间要比传统的制动系统快三倍，从而提高了自动紧急制动系统的性能。

　　iBooster 和 ESP 系统组合还提升给未来的高度自动驾驶制动系统性能。博世公司基于 iBooster 和 ESP 系统组合开发 L3 自动驾驶的制动系统，电子电器架构需要两个独立的供电系统，冗余的通信网络和冗余的上层控制单元。结合 ESP 系统 iBooster 能够提供自动驾驶所需的制动冗余功能，两个系统都有一个直接的机械推进装置，并且可以在整个减速范围内独立的对车辆进行制动。iBooster 失效时可以由 ESP 接管制动功能，ESP 失效时 iBooster 可以正常制动并保证车辆的纵向稳定性。

任务 5-2　检测防抱死制动系统

学习目标

知识目标：掌握 ABS 的功能和类型。
　　　　　熟悉 ABS 的组成和工作原理。
能力目标：能向客户介绍防抱死制动系统组件及工作过程。
　　　　　能对 ABS 故障灯亮进行分析并检测。
素养目标：树立正确的人生观、价值观和适度原则。
　　　　　培养沟通能力、奉献精神和团队协作精神。
　　　　　严格执行检测防抱死制动系统操作规范，养成严谨细致的工作习惯。

思政育人

通过拓展介绍防抱死制动系统发展史，培养学生利用专业知识，为中国汽车产业发展做贡献的奉献精神。

一、任务引入

一辆新能源汽车制动系统发生故障，制动系统故障灯点亮，制动效果不佳，经确定是 ABS 泵故障，请根据此故障现象，采集相关数据信息进行分析与检测。

二、知识链接

1. ABS 系统的功能

汽车防抱死制动系统（Anti-Break System，ABS）是汽车上一种主动安全装置，在汽车上已被广泛运用，大大提高了汽车的制动性能。在汽车制动时，如果车轮抱死滑移，车轮与路面间的侧向附着力将完全消失。如果只是前轮（转向轮）制动到抱死滑移而后轮还在滚动，汽车将失去转向能力。如果只是后轮制动到抱死滑移而前轮还在滚动，即使受到不大的侧向干扰力，汽车也将产生侧滑（甩尾）现象，这些都极易造成严重的交通事故。在非对称附着系数的路面，汽车将丧失直线行驶的稳定性，出现侧滑、甩尾及急转等危险现象。车轮抱死导致轮胎局部与地面拖滑，大大降低了轮胎的使用寿命。

1）ABS 的理论基础

（1）汽车的制动性。

汽车在行驶过程中，强制地减速以至停车且维持行驶方向稳定性的能力称为汽车的制动性。评价制动性能的指标主要有：制动效能、制动效能的恒定性和制动时的方向稳定性。

①制动效能是汽车迅速降低车速直至停车的能力，具体可用制动距离、制动时间和制动减速度来评价。

②制动效能的恒定性主要指的是抗热衰退性能。抗热衰退性能是指汽车在高速行驶或在下长坡连续制动时制动效能保持的程度。

③制动时的方向稳定性是指汽车在制动时仍能按指定方向的轨迹行驶，即不发生跑偏、侧滑，以及失去转向能力称为制动时的方向稳定性。

（2）汽车滑移率。

地面制动力大小取决于两个因素：一个是制动器的制动力，另一个是轮胎与地面的摩擦附着力。车辆行驶时，车轮在路面上的运动状态有三种：纯滚动、纯滑动和边滚边滑的移动，为了表征滑移成分所占比例的多少，可以用滑移率 s 表示，其公式如下：

$$s = \frac{v - v_w}{v} \times 100\% = \frac{v - r\omega}{v} \times 100\%$$

式中：v 为车速；v_w 为车轮速度；ω 为车轮滚动角速度；r 为车轮半径。

3）附着系数和滑移率的关系。

①附着系数随路面性质不同会有大幅度变化。一般说来，干燥路面附着系数大，潮湿路面附着系数小，冰雪路面附着系数更小。

②在各种路面上，附着系数都随滑移率的变化而变化。各曲线的趋势大致相同，只有积雪和砂石路面的滑移率在靠近 100% 时会上升。

如图 5-2-1 所示，由试验得知：$s<20\%$ 为制动稳定区域，$s>20\%$ 为制动非稳定区域。将车轮滑移率 s 控制在 20% 左右，便可获取最大的纵向附着系数和较大的横向附着系数，良好的制动性能和方向稳定性，是最理想的控制效果。那么，ABS 系统对车轮在制动过程中，以 5~15 次/s 的频率进行增压、保压、减压的不断切换，使 s 稳定在 20% 是最理想的制动控制过程。

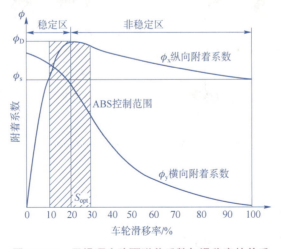

图 5-2-1 干燥硬实路面附着系数与滑移率的关系

2）ABS 系统的功能

（1）在车轮打滑、紧急制动时，使汽车沿驾驶员操纵的方向行驶，增强方向稳定性；

（2）在紧急制动时，能缩短制动距离，增强制动效能；

（3）改善轮胎的磨损状况。

2. ABS 系统的类型

1）按对制动压力的调节方式

按对制动压力的调节方式不同，可将 ABS 控制方式分为两大类，即独立控制和同时控制。前者指一条控制通道只控制一个车轮；而后者为一条控制通道同时控制多个车轮。

2）按控制方式

如果按照控制时控制方式选择不同，也可将 ABS 的同时控制分为低选控制和高选控制两种。低选控制是以保证附着系数较小的一侧车轮不发生抱死来选择控制系统压力，而高选控制却是从保证附着系数较大一侧车轮不发生抱死出发来实施制动系统压力调节。

3）按控制通道数目

ABS 中，能够独立进行制动压力调节的制动管路为控制通道。按照通道数目不同，也可将 ABS 分为四通道式、三通道式、双通道式和单通道式等，如图 5-2-2 所示。

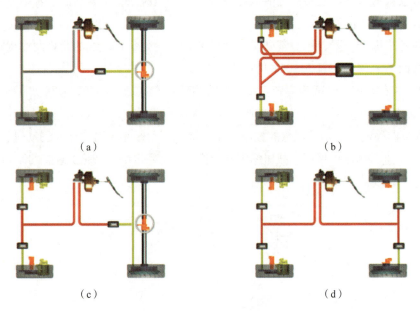

图 5-2-2　ABS 系统按控制通道数目分类

（a）单通道；（b）双通道；（c）三通道；（d）四通道

3. ABS 系统的组成

汽车 ABS 系统是在常规制动中增加的一套自动调节车轮制动力的电子控制装置，当 ABS 失效后，常规制动系统仍然能够起制动作用，但失去防抱死功能。现在 ABS 系统实现了高度集成化，主要由 4 个传感器、电子控制单元（ECU）、制动压力调节器和 ABS 警告灯组成，如图 5-2-3 所示。

制动防抱死系统
基本组成

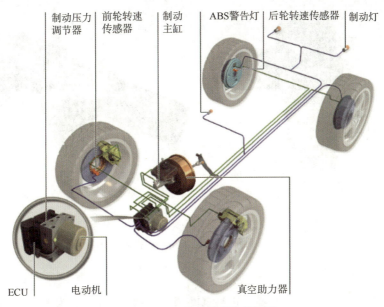

制动压力调节器　前轮转速传感器　制动主缸　ABS警告灯　后轮转速传感器　制动灯

ECU　　电动机　　　　　　　真空助力器

图 5-2-3　ABS 系统基本结构图

1）传感器

ABS 系统中的传感器主要有轮速传感器、减速度传感器和横向加速度传感器。其中最主要的是轮速传感器，主要作用是测出车轮转速，并将车轮转速信号传送到电子控制单元ECU，ECU 根据此信号通过液压调节器控制各制动工作缸的制动液，从而控制制动力。其安装位置如图 5-2-4 所示。

前轮转速传感器
前轮转速传
感器脉冲轮

图 5-2-4　轮速传感器安装位置

目前 ABS 系统的轮速传感器主要有电磁式轮速传感器和霍尔式轮速传感器两种类型，图 5-2-5 所示为电磁式和霍尔式轮速传感器结构示意图。电磁式轮速传感器安装在转向节附近，它是一种通过磁通量的变化产生感应电压的装置，主要由前轮转速传感器和前轮转速传感器脉冲轮两部分组成。

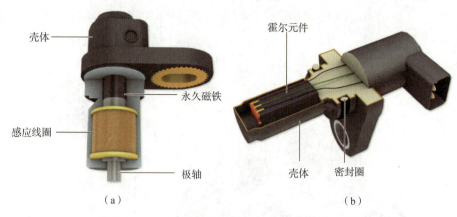

图 5-2-5　电磁式和霍尔式轮速传感器结构示意图

（a）电磁式；（b）霍尔式

2）电子控制单元

电子控制单元也称为 ABS 电脑，它是 ABS 电控系统的核心。为节省空间、利于布置，ABS 电子控制单元和制动压力调节单元集成为一体，称为 ABS 泵总成，如图 5-2-6 所示，目前应用比较广泛。

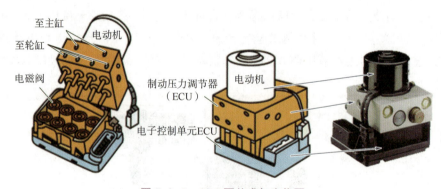

图 5-2-6　ABS 泵总成与实物图

3）制动压力调节器

制动压力调节器一般安装于发动机盖内，制动总泵附近。制动压力调节器是 ABS 中的主要执行器。其作用是接受 ECU 的指令，驱动调节器中的电磁阀动作（或电机转动等），调节制动系统的压力，使之增大、保持或减小，实现制动系统压力的控制功能。

4）ABS 警告灯

ABS 警告灯会监视防抱死制动系统，它安装在仪表板上，如图 5-2-7 所示。它用来告知驾驶员防抱死制动系统有故障，由 ECU 发送信号使报警灯点亮。它还用来读取储存在控制单元存储器中的故障诊断码。如果 ABS 警告灯点亮，应尽快检修制动系统以恢复防抱死制动系统的功能。如果点火开关转到 ON 位置，ABS 警告灯却不亮时，请尽快修理此灯泡。如果制动警告灯和 ABS 警告灯都亮着，

图 5-2-7　ABS 警告灯

那么防抱死制动系统（ABS）和电子式制动力分配系统（EBD）会失去功能，必须立刻修复防抱死制动系统。

ABS 具有自诊断功能，能够对系统的工作情况进行监测，一旦发现存在影响系统正常工作的故障时将自动地关闭 ABS，并将 ABS 警示灯点亮，向驾驶员发出警示信号，汽车的制动系统仍然可以像常规制动系统一样进行制动。

4. ABS 系统的工作原理

汽车制动时，首先进入常规制动模式，即建压阶段和保压阶段。车轮转速传感器测得与车轮转速成正比的信号送到 ECU，并计算滑移率，经过 ECU 分析、处理后给制动压力调节器发出制动压力指令，实现制动压力的调节，制动压力调节器是在制动主缸与轮缸之间串联一电磁阀，直接控制轮缸的制动压力，如图 5-2-8 所示。

制动防抱死系统
ABS 工作原理

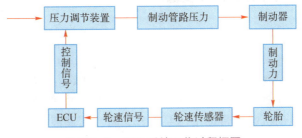

图 5-2-8　ABS 系统工作过程框图

ABS 系统的工作过程主要有常规制动、保压、减压和增压等循环过程。

1）常规制动

ABS 不工作，电磁线圈中无电流通过，电磁阀处于"升压"位置，此时制动主缸与轮缸的制动管路接通，制动主缸的制动液直接进入轮缸，轮缸压力随主缸压力升高而升高，如图 5-2-9 所示。

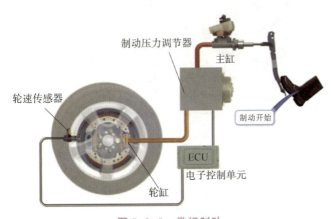

图 5-2-9　常规制动

2）保压阶段

ABS 工作，电子控制单元向电磁线圈中通一个较小的保持电流，电磁阀处于"保压"位

置。此时制动主缸、制动轮缸和回油孔相互隔离，轮缸中的制动压力保持一定，如图 5-2-10 所示。

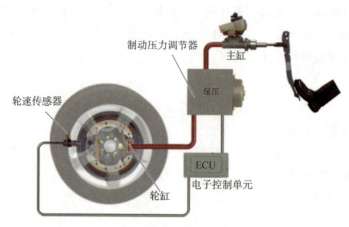

图 5-2-10　保压阶段

3）减压阶段

ABS 工作，电子控制单元向电磁线圈中通一个最大电流，电磁阀处于"减压"位置。此时电磁阀将轮缸与回油通道或储液室接通，轮缸中的制动液经电磁阀流入储液室，轮缸压力下降。与此同时，电动机起动带动液压泵工作，将流回储液室的制动液加压后输送到主缸，为下一个制动周期做好准备，如图 5-2-11 所示。

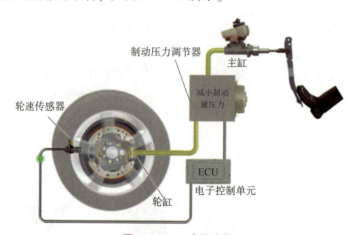

图 5-2-11　减压阶段

4）增压阶段

增压阶段同常规制动过程一样。当制动压力下降后，车轮的转速增加，当电子控制单元检测到车轮增加太快时，便切断通往电磁阀的电流，使制动主缸与制动轮缸再次相通，制动主缸的高压制动液再次进入制动轮缸，制动力增加，如图 5-2-12 所示。

5. ABS 系统的检查与诊断

ABS 系统的检查与诊断方法如表 5-2-1 所示。

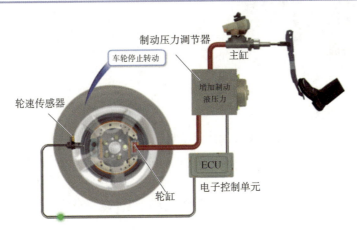

图 5-2-12　增压阶段

表 5-2-1　ABS 系统的检查与诊断方法

序号	常见故障	故障原因	排除方法
1	检查车轮，胎压及磨损状况	不正常	修理或更换
2	检查制动液液面，制动器及制动管路	不正常	修理或更换
3	检查蓄电池电压	电压不足 12 V	充电或更换
4	检查熔丝、继电器及线路	熔断或损坏	修理或更换
5	检查轮速传感器、线路	松动、脏污或损坏	紧固或调整或更换
6	检查 ABS 泵总成、线路	损坏、断路、短路	更换

6. 现代电子制动系统简介

现代电子制动系统组成如表 5-2-2 所示。

表 5-2-2　现代电子制动系统组成

系统名称	缩写（英）	功能作用
防抱死制动系统	ABS	在制动中阻止车轮发生抱死，并保持良好的行驶稳定性和转向性能
牵引力控制系统	TCS	通过对打滑车轮施加制动力并降低发动机扭矩形式阻止驱动轮空转
电子制动力分配	EBD	在 ABS 起作用前，或者由于特定的故障导致 ABS 失效后，防止后轮出现过度制动
电子差速锁止	EDL	在车辆处于附着力不同的路面时，通过对空转的车轮施加制动实现车辆起步行驶
车身电子稳定程序	ESP	通过对制动和发动机管理系统施加相应的调整，来阻止车辆的滑移
上坡辅助控制系统	HAC	在 ESP 系统基础上衍生出的功能，在坡上起步时，松开制动踏板车辆仍能继续保持制动几秒钟
紧急辅助控制系统	HBA	在 ESP 系统基础上衍生出的功能，防止紧急情况下驾驶员踩下制动踏板力不足，在紧急制动时提供最大的制动辅助，减少制动距离
＊装备 ESP 的车型，将同时具有以上功能		

三、任务实施

1. 实施准备

检测 ABS 需要的具体材料如下：

（1）学材、教材：新能源汽车底盘技术学材、维修手册。

（2）实训设备：配备 ABS 系统新能源汽车、实训台架、举升机、组合工具、教学台架、车内外三件套、绝缘防护装备。

实训前提示安全注意事项：注意人身安全，防止机件碰伤身体。

2. 实施内容

（1）根据实训室车辆配置，学生分组查找制动系统各零件，并指出零件名称、安装位置、作用与控制原理。

①观察 ABS 系统台架。

②识别 ABS 系统组件及安装位置。

③说出 ABS 系统组件的功能。

（2）ABS 系统基本检查。

①安装车内外三件套。

安装车内外三件套，进行 ABS 系统外观检查（外观检查、ABS 系统自检等）。

②确认故障现象。

起动车辆，ABS 故障灯点亮，紧急制动会出现严重拖痕。

③执行高压断电作业。

关闭起动开关，断开蓄电池负极电缆，等待 5 min 以上，断开直流母线，使用万用表验电，确保母线电压低于 50 V。

④利用故障诊断仪诊断故障。

连接故障诊断仪，打开起动开关，进入车辆诊断系统，读取整车数据后，进入 ABS 控制模块，读取故障码与数据流。车辆下电后，清除故障码，再次上电后，使用故障诊断仪再次读取故障码，判断 ABS 系统状态，查看相关电路图，分析故障原因。

（3）故障检测。

①检测 ABS 控制模块电源电路。注意事项：在拆 ABS ECU 的连接器时，不要直接拔连接器上的连接线，应拿着连接器的壳体，再将其拆开。

②检测 ABS 控制模块信息通信电路。

③检测 ABS 总成搭铁电路。

（4）ABS 总成拆装。

①ABS 系统的卸压。

对于整体式 ABS 泵，由于蓄压器存储着高压，在修理前需要彻底卸压，以免高压油喷出对人员造成伤害。首先将起动开关置于 OFF 和 LOCK 位置，然后反复踩制动踏板 20 次以上，当感觉到踩制动踏板的力明显增加，即感

防抱死制动系统
拆装与检测

觉不到液压助力时，ABS 系统泄压完成。

②拆卸 ABS 总成。

拆下制动主缸到液压控制单元的制动油管和液压控制单元通到各轮缸的制动油管。注意事项：请勿将制动液溅洒在车辆上，否则可能会损坏车漆，如果制动液溅洒在漆面上，应立即用水将其清洗干净。可将制动油管拆下后用软铅丝扎在一起，挂到高处，使开口处高于制动储液罐的油平面，并立即将开口处封住。在制动油管上做好记号，把 ABS 控制器从支架上拆下来。注意事项：在操作中必须特别小心，不能使制动液渗入 ABS ECU 壳体。如果壳体有脏物，可用压缩空气吹净。

③ABS 总成检查。

检查 ABS 总成的插接器针脚、2 个制动主缸接头、4 个制动轮缸螺纹孔、控制器及泵体是否完好，有无损坏。

④安装 ABS 总成。

⑤对 ABS 系统充液和放气，ABS 控制模块拆装后，需要使用专用诊断仪对 ABS 控制模块进行标定。

⑥试车检测 ABS 功能，必须感到制动踏板有反弹。

（5）复位工作。

（6）总结 ABS 系统组件安装位置及故障诊断思路，完成实训工单并上交。

四、思考与练习

1. 选择题

（1）ABS 失效后会造成（　　）。

A. 无常规制动　　　　　　　　　　　B. 有常规制动

C. 会造成间歇故障码　　　　　　　　D. 以上均错

（2）汽车 ABS 系统的主要控制参数为（　　）。

A. 车轮速度　　　　B. 滑移率　　　　C. 汽车速度　　　　D. 制动信号

（3）ABS 防抱死制动系统通过调节车轮制动力，将车轮的滑移率控制在（　　）。

A. 10%～15%　　　　B. 10%～20%　　　　C. 15%～20%　　　　D. 15%～25%

（4）关于装有 ABS 的汽车的制动过程，下列哪个说法是正确的？（　　）

A. 在制动过程中，只有当车轮趋于抱死时，ABS 才工作

B. 只要驾驶员制动，ABS 就工作

C. 在汽车加速时，ABS 才工作

D. 在汽车起步时，ABS 工作

（5）检查 ABS 系统时，（　　）情况属于不正常现象。

A. 制动踏板有脉动（回弹）现象　　　　B. 有明显拖车痕迹

C. ABS 指示灯熄灭　　　　　　　　　　D. 车轮有转动

（6）制动防抱死系统（ABS）一般主要由轮速传感器、（　　）和电控单元组成。

A. 液压调节系统　　　　　　　　　　B. 自诊断系统

C. ABS 系统　　　　　　　　　　　D. 压力开关

(7)（多选题）汽车制动性能评价指标包括（　　）。

A. 最高车速　　　　　　　　　　　B. 制动效能

C. 制动效能的恒定性　　　　　　　D. 制动效能的稳定性

2. 判断题

(1) 车轮抱死时将导致制动时汽车稳定性变差。　　　　　　　　　（　　）

(2) EBD 的主要作用是防止汽车起动或者转弯时打滑。　　　　　　（　　）

五、知识拓展

防抱死制动系统发展史

　　汽车主动安全技术是汽车安全性能的重要保障。汽车主动安全技术是指一切能够使汽车主动采取措施，避免事故发生的安全技术。防抱死制动系统（ABS）是第一个汽车主动安全技术。当制动力超过车轮与地面的摩擦力时，车轮就会被抱死，完全抱死的车轮会使轮胎与地面的摩擦力下降。ABS 可以提高汽车直线行驶的稳定性，在一定程度上防止侧滑、甩尾等危险现象。

　　ABS 技术最早应用于火车和飞机上，这两种类型的交通工具迫切需要在不打滑的情况下停下来。ABS 技术是英国人霍纳摩尔 1920 年研制发明并申请专利，早在 20 世纪 30 年代，ABS 就已经在火车的制动系统中应用，目的是防止火车在制动过程中抱死，导致车轮与钢轨局部急剧摩擦而过早损坏。1936 年德国博世公司取得了 ABS 专利权。它是由装在车轮上的电磁式转速传感器和控制液压的电磁阀组成的，使用开关方法对制动压力进行控制。20 世纪 40 年代末期，为了缩短飞机着陆时的滑行距离、防止车轮在制动时跑偏、甩尾和轮胎剧烈磨耗，飞机制动系统开始采用 ABS，并很快成为飞机的标准装备。20 世纪 50 年代防抱死制动系统才开始应用于汽车工业。1951 年 Goodyear 航空公司装于载重车上；1954 年福特汽车公司在林肯车上装用法国航空公司的 ABS 装置。

　　1978 年 ABS 系统有了突破性发展。博世公司与奔驰公司合作研制出三通道四轮带有数字式控制器的 ABS 系统，并批量装于奔驰轿车上。由于微处理器的引入，使 ABS 系统开始具有了智能，从而奠定了 ABS 系统的基础和基本模式。ABS 的应用有效地防止了汽车紧急制动时的车轮抱死现象，从而使汽车行车稳定性大大加强，不会出现紧急制动时甩尾、转向失灵等现象。

　　ABS 经过一个长期发展的过程，发展至今，已成为汽车标准配置。以 ABS 为基础，衍生出多种辅助装置，如电子制动力分配系统（EBD）、牵引力控制系统（TCS）和电子车身稳定系统（ESP）。ESP 整合了 ABS 和 TCS 的功能，并且增加横摆力矩控制，能够帮助驾驶员保持对车辆的控制，后面会详细介绍。目前，如车道保持系统、主动制动系统、自适应巡航等更先进的主动安全系统已经开始普及，为我们提供了更加安全、智能的交通环境。

　　随着我国自主汽车品牌不断崛起，国产 ABS 系统在整车配套领域的占有率不断提高，虽然，国外企业在我国 ABS 系统市场中仍占据主导地位，未来我国本土 ABS 系统生产商在国产替代方面仍有较大发展空间。中国 ABS 系统供应商主要有瑞立科密、重庆聚能、东风电子、广州西合、浙江万安、万向钱潮等。

任务 5-3　检测电子稳定程序控制系统

◎ 学习目标

知识目标：掌握 ESP 的功能与结构。
　　　　　理解 ESP 的工作原理。
　　　　　熟悉 ESP 常见故障诊断流程。
能力目标：能向客户介绍 ABS 与 ESP 的区别。
　　　　　能对 ESP 故障进行分析并检测。
素养目标：树立自主学习意识和安全生产意识。
　　　　　培养奋斗精神和科技自信。
　　　　　严格执行检测电子稳定程序控制系统操作规范，养成严谨细致的工作习惯。

◎ 思政育人

通过拓展介绍比亚迪智能扭矩控制系统技术，培养学生的奋斗精神和增强学生的科技自信，激励学生将来为我国新能源汽车产业发展做贡献。

一、任务引入

一辆新能源汽车，踩下制动踏板，打开起动开关，制动系统故障灯点亮，经确定为 ESP 故障，请根据此故障现象，采集相关数据信息进行分析与检测。

二、知识链接

1. ESP 系统的功能

电子稳定程序（EPS，Electronic Stability Program），是博世（BOSCH）公司的专利。在大众、奥迪、奔驰车型上使用此名称。在日产、丰田、本田、宝马等其他车型上，相同或相似功能的系统采用了不同的名字，如日产的车辆行驶动力学调整系统（VDC）、丰田的车辆稳定控制系统（VSC）、本田的车辆稳定性控制系统（VCA）和宝马的动态稳定控制系统（DSC）。

1）功能

电子稳定程序控制系统的功能是防止汽车发生转向不足和转向过度等危险工况，同时具有 ABS 和 ASR 功能。它是 ABS（防抱死制动系统）及 ASR（防侧滑系统）这两种系统功能上的延伸，ESP 是目前当前汽车防滑装置的最高级形式。与 ABS 最大的区别是 ESP 在行车过程中，可以对车辆行驶状态进行主动干预，通过对车辆行驶状态的修正，保证车辆的行驶安全。

当检测到汽车没有按照驾驶员的驾驶意图行驶时，通过有选择地制动或者干预发动机的工作来稳定车辆，使汽车按照驾驶员的驾驶意图行驶，改善汽车的操纵稳定性，提高汽车的行驶安全性。

2）ESP 典型工作工况

车辆的后轮侧滑或车身出现甩尾时，就会发生转向过度。当车轮向一个方向转向而车身继续沿直线滑移时，就会产生转向不足。在车辆转向过度或者转向不足过程中，制动液压施加到恰当的制动器上。在发生过度转向时，外侧的前制动器被施加制动。"外侧"和"内侧"指的是在转弯时车轮的位置。

（1）当汽车遇到需躲避前方突然出现的障碍物。

紧急制动，猛打转向盘，车辆有转向不足倾向。ESP 工作，增加左后轮制动压力，车辆按照转向意图行驶；恢复正常的行驶路线，车辆有转向过度的倾向，在左前轮施加制动力车辆保持稳定，如图 5-3-1 所示。

图 5-3-1　车辆躲避前方突然出现的障碍物示意图

（2）在急转弯车道上高速行驶。

车辆有甩尾倾向，自动在右前轮上施加制动力，车辆保持稳定；车辆有甩尾倾向，自动在左前轮上施加制动力，车辆保持稳定，如图 5-3-2 所示。

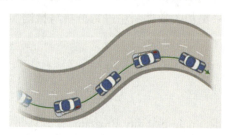

图 5-3-2　车辆在急转弯车道上高速行驶示意图

（3）地面附着力不同的路面行驶等危险工况时。

车辆表现出转向不足的趋势，即将跑偏。ESP 发挥作用，增加后右轮制动力的同时，降低扭矩输出；从湿滑路面驶入干燥路段，车辆保持稳定，如图 5-3-3 所示。

2. ESP 的组成

目前绝大多数车型采用 BOSCH 公司的电子稳定程序控制系统，它是以 ABS 为基础，由各种传感器、电子控制单元（ECU）和执行器三部分组成的，其组成和安装位置如图 5-3-4 所示。

图 5-3-3　车辆在地面附着力不同的路面行驶示意图

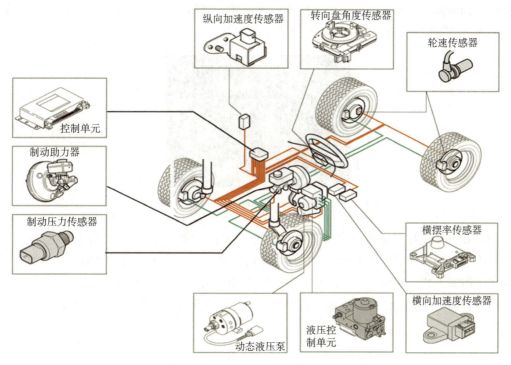

图 5-3-4　ESP 系统组成和安装位置

1）传感器

电子稳定程序控制系统传感器在 ABS/ASR 基础上，增加了转向角度传感器、侧向加速度传感器、横摆率传感器、横向加速度传感器、制动压力传感器、纵向加速度传感器（四驱车）等，这些传感器负责采集车身状态数据。

（1）ASR/ESP 按钮开关。如图 5-3-5 所示，按下该按钮，ESP 功能关闭。通过再次按该按钮，ESP 功能重新激活。重新起动车辆时该系统也可自动激活。当 ESP 调整工作正在进行或在超过一定的车速，系统将不能被关闭。

动态稳定控制系统

当在以下情况时，ESP 系统需要关闭：从深雪或松软地面前后摆动驶出，有意让驱动轮打滑以摆脱被陷状态；带防滑链行驶；车辆处于激烈行驶等。

（2）转向角度传感器。该传感器安装在转向柱上转向开关与转向盘之间，与安全气囊时钟弹簧集为一体。其作用是传递转向盘转角信号给 ECU，转向角传感器的角度变化范围

图 5-3-5　ESP 按钮开关

为 720°，即转向盘转动 4 圈。一般采用光电感应式，其结构如图 5-3-6 所示。信号中断影响：无该传感器信号车辆无法确定行驶方向，ESP 失效。

图 5-3-6　转向角度传感器

（3）横向加速度传感器。该传感器位于转向柱下方偏右侧，与横摆率传感器一体。其作用是确定车辆是否受到使车辆发生滑移作用的侧向力，以及侧向力的大小，横向加速度传感器多采用霍尔式，利用霍尔元件来检测车辆的侧向力，其结构如图 5-3-7 所示。信号中断影响：若横向加速度传感器失效，则控制单元将无法计算出车辆的实际行驶状态，ESP 功能失效。

图 5-3-7　横向加速度传感器

（4）横摆率传感器。该传感器位于转向柱下方偏右侧，与横向加速度传感器一体。其作用是确定车辆是否沿垂直轴线发生转动，以及转动量的大小，其结构如图 5-3-7 所示。若横摆率传感器失效，则没有横摆率测量值，控制单元无法确定车辆是否发生转向，ESP 功能失效。

（5）制动压力传感器。该传感器位于制动主缸上。一般采用压电式，其作用是测量制动总泵的实际制动压力，控制单元相应计算出作用在车轮上的制动力和整车的纵向力大小。

其内部结构如图 5-3-8 所示，制动液就作用在这个电容器上。

图 5-3-8　制动压力传感器

（6）纵向加速度传感器。该传感器在右侧 A 柱，只用于四驱汽车。对于四轮驱动汽车，如果没有纵向加速度信号，那么在某些不利条件下就无法得知真实的车速，因此 ESP 及 ASR 功能就会失效。

2）电控单元（ECU）

电控单元保障系统的可靠性。该控制单元在系统中有两个处理器，使用同样的软件处理信号数据，并相互监控比较。信号中断影响：控制单元出现故障，驾驶员仍可做一般制动操作，但 ABS/ASR/ESP 等功能失效。电控单元存储故障码，组合仪表上的 ESP 故障警告灯有报警显示，如图 5-3-9 所示。

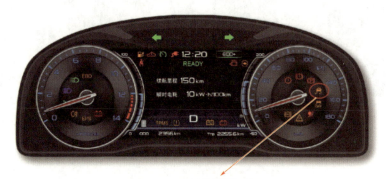

ESP故障警告灯

图 5-3-9　ESP 故障警告灯

3）执行器

ESP 是 ABS 的扩展功能，为了能够实现不踩制动踏板时对车轮进行制动，ESP 系统的液压控制装置是在 ABS 系统的基础之上增加了一个行驶动态调节液压泵。此外还在液压控制装置内部增加了 4 个电磁阀：一对分配阀和一对高压阀。电磁阀是由 ABS/TCS 模块控制的。当某种行驶状态中出现制动液力不足以保持对车辆控制时，电磁阀会控制制动器，施加制动液压。该电磁阀可在驾驶员不踩制动器时，使用电子控制单元来激活制动助力器。

（1）行驶动态调节液压泵。

行驶动态调节液压泵的作用是使 ESP 系统在进行工作前，可以快速地建立起预油压，预油压的大小由节流阀进行调节，如图 5-3-10 所示。ESP 工作时需要回油泵提供大量的制动液，但在制动踏板无压力的状态下，制动液温度低、黏度大，回油泵的输油效率低。这时，动态控制液压泵建立回油泵入口预载压力，使回油泵输油效率提高。

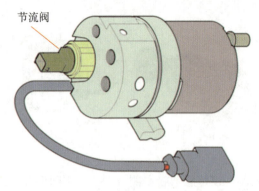

图 5-3-10　行驶动态调节液压泵示意图

（2）分配阀和高压阀。

高压阀的作用是接通和断开动态调节液压泵与系统的油路；分配阀的作用是控制 ESP 系统在制动和正常行驶时系统油路的转换，如图 5-3-11 所示。信号中断影响：当电磁阀功能出现不可靠故障，整体系统关闭。

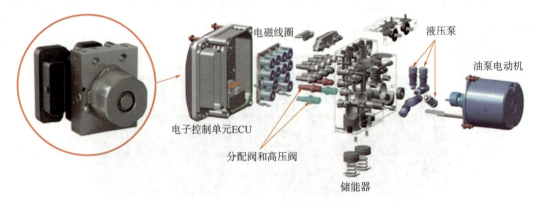

图 5-3-11　ESP 总成结构示意图

3. ESP 的工作原理

电子稳定程序控制系统电控单元把车辆的行驶状态与驾驶员试图行驶车辆的方向进行比较，判断车辆行驶状况。它通过各种传感器监测完成这个判断，并对数据信号进行比较后，施加或者释放适当的制动力、减小动力发动机或电动机扭矩，来帮助车辆操作转向。当外侧前轮制动器被施加了制动后，电子控制单元会继续监控所有信息，判断是否回到正确的方向。图 5-3-12 所示为 ESP 工作过程示意图。

1）转向不足

当车辆左转出现转向不足时（如转弯时速度过快、偏离行驶道路），汽车有径直冲向障碍物的趋势。如在碎石路面、雨雪、结冰或者潮湿路面行驶时，易产生牵引力不足引起的转向不足。ESP 各个传感器会把转向不足的信号传送到 ECU，ECU 会控制转向内侧的后轮制动，产生一个拉力和一个扭力来对抗车头偏离的转向不足趋势，如图 5-3-13 所示。

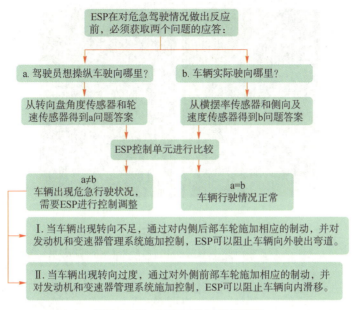

图 5-3-12　ESP 工作过程示意图

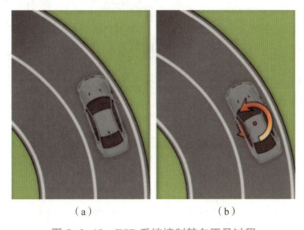

（a）　　　　　　　　　　　　　（b）

图 5-3-13　ESP 系统控制转向不足过程

（a）无 ESP 系统的转向不足；（b）有 ESP 系统的转向不足

2）转向过度

当汽车的后轮掉转车身或者摆尾行驶时，就会发生转向过度的状态。如驾驶员向右转动转向盘时，汽车车尾会向左摆动，向右扭矩会大于驾驶员想要的扭矩。后轮与地面摩擦力小或者后驱车猛踩加速踏板出现转向过度时，ESP 会控制转向外侧前轮制动，同时减小发动机输出的功率，纠正错误的转向趋势，如图 5-3-14 所示。

4. ESP 液压控制单元的工作原理

ESP 与 ABS 的液压控制原理基本类似，因此，我们依然采用一个车轮的控制过程来说明 ESP 系统液压控制单元的工作原理。液压控制单元由 12 个电磁阀、1 个液压泵、1 个回油泵等组成。其中 8 个电磁阀用于 ABS 控制，4 个电磁阀用于 ESP 控制。ECU 通过控制液

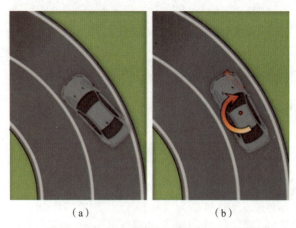

（a）　　　　　　　　　（b）

图 5-3-14　ESP 系统控制转向过度过程

（a）无 ESP 系统的转向过度；（b）无 ESP 系统的转向过度

压单元的电磁阀，达到 ABS/ASR/ESP 控制的目的，图 5-3-15 所示为 ESP 液压控制单元工作原理示意图。

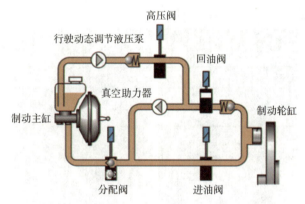

图 5-3-15　ESP 液压控制单元工作原理示意图

1）当 ESP 液压控制系统增压时

分配阀关闭，高压阀打开，ABS 的进油阀打开，回油阀关闭。行驶动力调节液压泵开始将储油罐中的制动液送到制动管路中，回油泵工作，使车轮制动轮缸中的制动压力加大，系统增压，如图 5-3-16 所示。

2）当 ESP 液压控制系统处于保压阶段时

分配阀关闭，高压阀关闭，ABS 的进油阀关闭，回油阀关闭，回油泵停止工作，系统保压，如图 5-3-17 所示。

3）当 ESP 液压控制系统处于减压阶段时

分配阀打开，高压阀关闭，ABS 的进油阀关闭，回油阀打开，回油泵停止工作，系统保压，如图 5-3-18 所示。

5. ESP 的检查与诊断

ESP 的检查与诊断方法如表 5-3-1 所示。

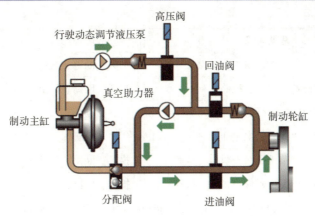

图 5-3-16　ESP 液压控制单元增压阶段工作原理

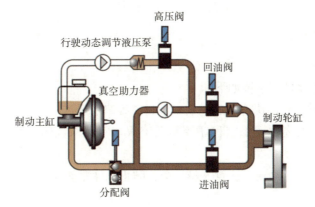

图 5-3-17　ESP 液压控制单元保压阶段工作原理

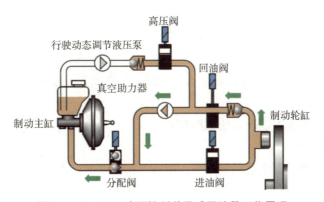

图 5-3-18　ESP 液压控制单元减压阶段工作原理

表 5-3-1　ESP 的检查与诊断方法

序号	常见故障	故障原因	排除方法
1	检查转向角传感器、供电、线路	损坏、断路、短路	更换
2	检查横向加速度传感器、供电、线路	损坏、断路、短路	更换
3	检查偏摆率传感器、供电、线路	损坏、断路、短路	更换

序号	常见故障	故障原因	排除方法
4	检查制动压力传感器、供电、线路	损坏、断路、短路	更换
5	检查轮速传感器、供电、线路	损坏、断路、短路	更换
6	检查 ASR/ESP 开关导通性	损坏	更换
7	检查电子控制单元、供电电压	不正常	更换
8	检查行驶动力调节液压泵、供电、线路	损坏、断路、短路	更换
9	检查液压调节单元电磁阀、供电、线路	损坏、断路、短路	更换

注意事项：更换了传感器或 ECU 时，要对传感器进行初始化设定。进行初始化设定时，可把起动开关转到"ON"，然后左右方向反复转动转向盘 10 圈左右

三、任务实施

1. 实施准备

检测电子稳定程序控制系统如下：

（1）学材、教材：新能源汽车底盘技术学材、维修手册。

（2）实训设备：配备电子稳定程序控制系统汽车、实训台架、举升机、组合工具、教学台架、故障诊断仪。

实训前提示安全注意事项：注意人身安全，防止机件碰伤身体。

2. 实施内容

（1）根据实训室车辆配置，学生分组查找 ESP 系统组件，并指出零件名称、安装位置、作用。

（2）ESP 系统基本检查。

①安装车内外三件套。

安装车内外三件套，进行 ESP 系统基本检查（外观检查、ESP 系统自检等）。

②确认故障现象。

打开起动开关，仪表上制动系统故障灯点亮。

③执行高压断电作业。

关闭起动开关，断开蓄电池负极电缆，等待 5 min 以上，断开直流母线，使用万用表验电，确保母线电压低于 50 V。

④利用故障诊断仪诊断故障。

测量蓄电池电压为正常后，连接故障诊断仪，打开起动开关进入车辆诊断系统，读取整车数据后，进入 ESP 控制模块，读取故障码与数据流。车辆下电后，清除故障码，再次上电后，使用故障诊断仪再次读取故障码，判断 ESP 状态，查看相关电路图，分析故障原因。

（3）轮速传感器拆卸。

①拆卸车轮；

②断开轮速传感器线束接插器；

③拆卸轮速传感器固定螺栓，取下轮速传感器。

（4）故障检测。

①检测轮速传感器电源电路；

②检测轮速传感器线路；

③检测轮速传感器；

④安装轮速传感器。

（5）复位工作。

（6）总结 ESP 各组件安装位置及故障诊断思路；完成实训工单并上交。

四、思考与练习

1. 选择题

（1）ASR 是防止汽车在驱动过程中（　　）。

A. 车轮滑转　　　　　　　　　　B. 车轮抱死

C. 防止抱死　　　　　　　　　　D. 车轮偏转

（2）汽车上的 ASR 系统又称为（　　）。

A. BAS　　　　　B. EBD　　　　　C. TCS　　　　　D. ESP

（3）ASR 的控制对象主要是（　　）。

A. 前轮　　　　　B. 后轮　　　　　C. 四轮　　　　　D. 驱动轮

（4）关于 ABS 和 ASR，下面说法不正确的是（　　）。

A. ABS 控制所有车轮

B. ASR 仅控制驱动轮

C. 同一车上，ABS 和 ASR 可以共用车轮速度传感器

D. ABS 在汽车起步、加速且车轮开始滑转时工作，ASR 在制动且车轮开始滑移时工作

（5）ESP 是（　　）系统的简称。

A. 驱动防滑　　　B. 车道保持　　　C. 抬头显示　　　D. 电子稳定程序

2. 判断题

（1）ASR 能对所有的车轮实施制动作用。　　　　　　　　　　　　　　　（　　）

（2）ESP 作用是紧急情况下，可以帮助驾驶员保持对车辆的控制，从而避免重大意外事故。　　　　　　　　　　　　　　　　　　　　　　　　　　　　　　　（　　）

（3）ESP 是在 ABS 和 ASR 的基础上发展起来的。　　　　　　　　　　（　　）

（4）ESP 系统工作时，液压单元快速建立制动压力，会对每个车轮单独制动。（　　）

（5）HAC（上坡辅助）系统是在 ESP 基础上衍生开发出来的，它可以让车辆在坡上起步时，驾驶员脚离开制动踏板后车辆仍能继续保持制动几秒阻止车辆下溜，提高车辆斜坡起步的安全性和可靠性。　　　　　　　　　　　　　　　　　　　　　　　　（　　）

五、知识拓展

比亚迪自力更生——智能扭矩控制系统 iTAC

比亚迪是全球唯一一家掌握电池、电机、电控"三电"核心技术中国公司。在电控领域，新能源汽车仅替代了燃油车底盘的部分常规功能，有关车辆安全的核心技术——车身稳定系统 ESP，一直被德国博世公司在全行业垄断超 20 年。博世公司是全球最大的汽车电控系统供应商。1909 年，博世来到中国开展业务，它垄断了众多汽车行业关键技术，如无级变速传动钢带、防抱死制动系统 ABS、牵引力控制系统 TCS。其中最为知名的便是车身稳定系统 ESP，大约占据了国产汽车 ESP 系统 70% 的市场份额。那么，一旦博世 ESP 芯片的供应出现异常，靠德系芯片造车的车企将被迫减产，甚至停产。长城汽车 ESP 系统一直依赖博世独家供货。从 2020 年开始，受疫情影响，博世在马来西亚的生产工厂相继关停，博世 ESP/IPB、VCU、TCU 等芯片受到直接影响，2020 年 8 月份后基本处于断供状态，这直接导致了众多中国车企的减产。

比亚迪自主研发了适合纯电动汽车的智能扭矩控制系统 iTAC，iTAC 全称是 inteligence Torque Adaption Control，中文为智能扭矩控制系统，该系统是在比亚迪 e 平台 3.0 的基础上开发，将搭载在 e 平台 3.0 的高性能车型上，2022 年 5 月比亚迪新车海豹搭载了 iTAC。iTAC 是一个控制电机扭矩输出的工具。它能根据驾驶员需求，结合车身姿态、车轮状态等信息，动态调整前后轴电机的扭矩分配，iTAC 系统的电机响应速度极快，可实时调整各电机输出扭矩，最大程度适配车辆动力变化，使车辆驾驶安全性、舒适性和操控性大大提升。iTAC 与 ESP 功能相似，不同之处体现在以下几个方面：

1. 扭矩调整方式

iTAC 改变了传统 ESP 只能通过降低扭矩的制动方式，升级为扭矩转移。当车辆在发生侧滑的情况下，iTAC 可以通过控制前后车轮的扭矩进行制动，平衡车辆的前后纵向扭矩，让车身恢复到正常的行驶轨迹。

2. 传感器灵敏度

iTAC 不仅可以通过车轮轮速传感器，还可通过电机旋变传感器，进而控制前后电机的动力输出。轮速传感器的识别频率为 32 字或 48 字，而电机旋变传感器可达到 4 096 字，再加上变速机构对精度的放大，iTAC 的精度提升了 300 倍。iTAC 的传感器可以敏锐地识别车轮打滑趋势，较博世的 ESP 系统可以提升 50 ms。当车轮抓地力发生异常，但还未打滑时，系统就能识别出异常，并提前调整前后扭矩，防止打滑情况出现。

比亚迪 iTAC 系统以创新的形式，让中国电动车拥有了自主研发的核心技术，对于整个中国汽车产业都意义非凡。

任务 5-4 检测电子驻车制动系统

学习目标

知识目标：掌握 EPB 的功能与结构。

理解 EPB 的工作原理。

熟悉 EPB 常见故障诊断流程。

能力目标：能向客户介绍 EPB 功能及操作方法。

能对 EPB 故障进行分析并检测。

素养目标：树立紧跟时代步伐，顺应实践发展理念和自主学习意识。

培养劳动精神和团队协作精神。

严格执行检测电子驻车制动系统操作规范，养成严谨细致的工作习惯。

思政育人

通过介绍驻车制动系统发展史，紧跟时代步伐，顺应实践发展，以满腔热忱对待一切新生事物，不断拓展认识的广度和深度，敢于说前人没有说过的新话，敢于干前人没有干过的事情，以新的理论指导新的实践。

一、任务引入

一辆新能源汽车，驾驶员反映在停车使用电子驻车制动系统按钮时失效，组合仪表黄色灯亮起。经初步诊断，确定为 EPB 故障，请根据此故障现象，采集相关数据信息，进行分析与检测。

二、知识链接

1. 电子驻车制动系统的功能

电子驻车制动系统（EPB，Electric Park Brake System），是由电子控制方式实现停车制动的技术。其工作原理与机械式驻车制动相同，均是通过制动盘与制动片产生的摩擦力来达到控制停车制动，只是控制方式从之前的机械式驻车制动拉杆变成了电子按钮，如图 5-4-1 所示。在功能上将制动控制系统从基本的驻车功能延伸到自动驻车功能。

1）EPB 功能

（1）静态驻车与解除。

车辆在停止时，无论起动开关是 ON 或 OFF，以及行车制动状态，拉起 EPB 按钮，EPB 工作，制动锁止车辆。释放驻车制动时起动开关处于 ON 位时，踩下行车制动踏板，按下 EPB 按钮，EPB 停止制动锁止。如果此时车辆的前机舱盖和后行李舱盖以及 4 个车门都是

图 5-4-1　电子驻车按钮

OFF 状态时，变速杆从 P 位移到 R 位或 D 位时，EPB 也会自动释放。

（2）动态紧急制动。

车辆在行驶过程中，驾驶员拉起 EPB 按钮，EPB 控制单元收到开关信号后通过数据总线要求 ESP 控制行车制动，如果行车制动系统或是 ESP 故障，由 EPB 控制单元直接控制驻车制动系统工作（仅限于后轮）来应对这种紧急情况。EPB 动态制动控制是持续进行的，直到松开 EPB 按钮为止。在动态制动工作期间，驻车制动警告灯将会一直闪烁。

（3）坡道驻车及起动辅助。

坡道驻车时，EPB 会根据集成在液压电子控制模块中的纵向加速度传感器来测算坡度，从而计算出斜坡上由于重力而产生的下滑力，EPB 就会对后轮施加制动力平衡下滑，实现坡道驻车。当车辆坡道起步时，EPB 坡道辅助功能会根据坡道角度、驱动电机转矩、加速踏板位置、挡位等信息来计算释放时机，当车辆的牵引力大于下滑力时，自动释放驻车制动，辅助坡道起步。

2）EPB 的典型工作状况

（1）挂入 P 位。车辆静止时，从任意挡位切换至 P 位，车辆将自动驻车，此时自动驻车按钮红色指示灯亮起（适用于自动挡车辆）。

（2）开启车门。当车辆处于静止状态时，打开主驾车门，车辆将自动驻车，此时自动驻车按钮红色指示灯亮起。

（3）停车熄火。当车辆处于静止状态时，通过一键起动按钮熄火后，车辆将自动驻车，此时自动驻车按钮红色指示灯亮起。

（4）坡道溜坡。在斜坡上驻车后，EPB 会根据坡度的不同，采取不同的力度驻车。如果出现溜坡，EPB 将用最大夹紧力再次驻车，防止溜坡。

2. 电子驻车制动系统的类型

电子驻车制动系统根据结构不同可分为钢索牵引式以及整车卡钳式两种。

1）钢索牵引式

与传统驻车制动无异，只是把手动的拉索改为电动形式，如图 5-4-2 所示。这种形式为电子驻车制动早期产品，它加装成本低，便于车型设计的变更。

2）整车卡钳式

需要专用的制动卡钳和相关的驻车制动执行机构，成本相对较高，如图 5-4-3 所示。

图 5-4-2 钢索牵引式

但这种形式摒弃了钢索牵引式电子驻车制动的钢索，采用电信号传递控制命令，因而便于驻车制动系统的简化和车辆配置，现代汽车普遍采用整车卡钳式电子驻车制动系统。

图 5-4-3 整车卡钳式电子驻车制动系统

3. 电子驻车制动系统的组成

整车卡钳式电子驻车制动系统一般由电子控制单元、电子驻车按钮、电子驻车制动器总成及工作指示灯等组成，如图 5-4-4 所示。EPB 是由驻车制动控制电动机直接控制后轮制动卡钳来实现驻车制动的。

图 5-4-4 电子驻车制动系统基本组成

1）电子驻车按钮

EPB 代替了传统机械式驻车制动，通过电子驻车按钮实现车辆的驻车和释放功能。电子驻车按钮（开关）一般位于变速杆附近控制面板上，如图 5-4-1 所示，在车辆静止状态拉起电子驻车按钮，手动驻车完成，仪表上红色电子驻车制动指示灯将会点亮。如果指示灯不亮，需要检修，向下按下 EPB 按钮时驻车制动释放。

2）电子控制单元

电子控制单元内装有两个处理器，驻车制动器松开的命令要由这两个处理器共同执行。数据传输是通过驱动 CAN 总线进行的，通过对这些信息的处理与分析，对 EPB 控制电机进行控制。

3）工作指示灯

电子驻车处于工作状态时，由组合仪表上的 EPB 相关显示符号和开关指示灯来指示，如图 5-4-5 所示。

图 5-4-5　驻车制动工作指示灯

4）电子驻车制动器总成

电子驻车制动器总成由电动机、传动带、减速机构、芯轴螺杆以及制动活塞等组成，如图 5-4-6 所示。整个电子驻车制动系统的执行部件均位于后轮制动卡钳上，信号通过导线传导。

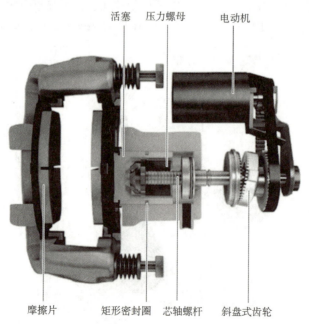

图 5-4-6　电子驻车制动器主要组成

　　制动摩擦片的收紧是通过一根螺杆带动来实现的。这根螺杆上的螺纹是可以自锁的，这根螺杆是由斜盘齿轮机构来驱动的。螺杆的旋转运动会带动压力螺母在螺杆上进行移动。斜盘齿轮机构是由一个直流电动机来驱动的，斜盘齿轮机构和直流电动机通过法兰固定在制动钳上。伺服电动机系统如图5-4-7所示。

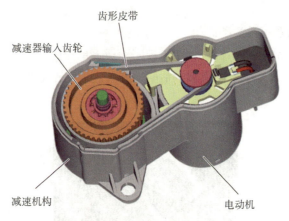

图 5-4-7　伺服电动机系统

　　驾驶员按动电子驻车按钮时，电子驻车制动系统控制模块接收来自按钮的信号。如果当前车辆的行驶状态符合 ECU 中预设的条件，控制模块会向执行机构的电动机施加 12 V 电压让其转动。电动机释放的转矩通过减速机构传递到芯轴螺杆，芯轴螺杆通过螺栓螺母机构推动制动活塞轴向运动实现对后轮的制动。

4. 电子驻车制动系统的工作原理

　　电子驻车功能主要由电信号的传递来实现，通过 EPB ECU 发出指令来驱动卡钳进行相关动作。其主要信号交互由以下几个方面组成：电子驻车控制单元、组合仪表 EPB 相关显示符号、EPB 按钮和执行机构等，图 5-4-8 所示为 EPB 工作原理框图。

电子驻车制动器
工作原理

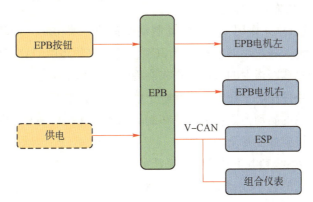

图 5-4-8　EPB 工作原理框图

5. EPB 的扩展——自动驻车制动系统

　　自动驻车系统（AUTO HOLD）是一种汽车运行中可以实现自动驻车制动的技术应用。

这项技术使驾驶员在车辆停下时不需要长时间制动，以及在起动自动电子驻车制动的情况下，能够避免车辆不必要的滑行。自动驻车系统的基本工作原理是制动管理系统通过电子驻车制动（EPB）的扩展功能来实现的对四轮制动的控制。或者说，自动驻车系统是电子驻车制动（EPB）的一种扩展功能，由 ESP 部件控制。目前配置了 EPB 功能的车辆，大都具有 Auto Hold 功能。

1）自动驻车制动系统激活条件

自动驻车制动功能由位于副仪表台中央控制面板上单独的开关操作，如图 5-4-9 所示。当按下自动驻车制动开关并且该功能被激活时，开关内的工作警告灯亮，此时便会起动相应的自动驻车功能。

图 5-4-9　自动驻车制动按键

激活自动驻车制动功能前必须保证：驾驶员侧车门关闭、驾驶员系好安全带并且发动机处于运转状态。其中，车门关闭和系好安全带是为了保障驾驶员始终控制自动驻车制动功能，而不是偶然被起动；发动机运转则是为了保证电子控制系统有足够的动力产生，这样电子驻车制动系统电控单元在所有的状态下都能提供安全驻车。电子驻车制动系统电控单元还能够准确地感应车辆是否处在制动状态，只有车辆在静止时才能有效激活该功能，车辆行驶中或倒车时系统不起作用。

自动驻车系统的功能

2）自动驻车制动系统的工作过程

通过 ABS/ESP 控制单元作用，实现自动制动车辆的一项功能。自动驻车制动系统激活信息通过其所连接的电子驻车制动电控单元识别、确认，并经由 CAN 总线传递到电子稳定装置控制单元，借助总线网络上的协同运作来实现自动驻车和动态起动辅助两大功能。而这两大功能实现的先决条件是电子稳定装置和电子驻车制动系统的有机结合。电子稳定装置主要负责停车时 4 个车轮的制动力矩；电子驻车制动系统保证在自动驻车制动相关功能关闭或失效后能以备用安全模式保证安全的需要。

3）自动驻车制动系统和电子驻车制动系统的不同点

电子驻车制动系统的驻车制动是通过按下驻车制动按钮并且驻车制动被激活时，EPB 电控单元控制位于两后轮上的电子驻车制动电动机工作，施加一定的制动力，此时位于驻车制动开关内的驻车制动警告灯亮。

自动驻车制动系统的驻车制动是只要按下自动驻车制动开关并且激活该功能，电子自动驻车制动功能便会全程自动控制。具体来说就是使车辆在集成的两种不同的制动系统作用下自动停稳而且受控。而且采用的车身电子稳定程序（ESP）的功能电磁阀维持四个车轮的制动力，而不是通过两后轮的电子驻车制动装置电动机。因此，对自动驻车制动系统自动驻车时，EPB 电动机的工作状态进行检测，工作电流均为 0。如果在暂时停车后想继续前行，系统能够识别，制动会自动释放。熄火后会自动转换到电子驻车制动系统驻车制动，因此驾驶员无须使用停车制动。

6. EPB 系统的检查与诊断

EPB 系统的检查与诊断方法如表 5-4-1 所示。

表 5-4-1　EPB 系统的检查与诊断方法

序号	常见故障	故障原因	排除方法
1	检查 EPB 开关导通性、线路	不正常	更换
2	检查 EPB 电子控制单元、线路	不正常	更换
3	检查卡钳电机、线路	不正常	更换

三、任务实施

1. 实施准备

检测电子驻车制动系统需要的具体材料如下：

（1）学材、教材：新能源汽车底盘技术学材、维修手册。

（2）实训设备：配备电子驻车制动系统汽车、举升机、组合工具、教学台架；车内外三件套、绝缘防护装备。

实训前提示安全注意事项：注意人身安全，防止机件碰伤身体。

2. 实施内容

（1）根据实训室车辆配置，学生分组查找 EPB 系统组件，并指出零件名称、安装位置及作用。

（2）EPB 系统基本检查。

①安装车内外三件套。

安装车内外三件套，进行 EPB 系统基本检查。

②确认故障现象。

打开起动开关，操作 EPB 按钮是否能进行驻车制动与释放，仪表上驻车制动工作指示灯是否显示。

③利用故障诊断仪诊断故障。

测量蓄电池电压为正常后，连接故障诊断仪，打开起动开关，进入车辆诊断系统，读取整车数据后，进入 EPB 控制模块，读取故障码与数据流。车辆下电后，清除故障码，再次上电后，使用故障诊断仪再次读取故障码，判断 EPB 系统状态，查看相关电路图，分析故障原因。

电子驻车制动器
拆装与检测

（3）驻车制动器拆卸。

①拆卸车轮总成；

②断开驻车制动器插头；

③拆下驻车制动器。

（4）检测驻车制动器。

①查看汽车电路图，连接低压蓄电池负极，起动车辆；

②检测驻车制动器电机供电及线路；

③按下驻车制动开关，检测驻车制动器自检电压；

④拉起驻车制动开关，检测驻车制动器工作电压。

（5）安装驻车制动器。

①断开低压蓄电池负极，安装驻车制动器到制动卡钳上；

②安装驻车制动器插头；

③安装车轮总成，连接低压蓄电池负极。

（6）利用故障诊断仪，进行 EPB 初始化操作、测试，查看仪表电子驻车已起动，EPB 指示灯常亮，故障排除。

（7）复位工作。

（8）总结电子驻车制动系统各组件安装位置及连接情况，完成实训工单并上交。

四、思考与练习

1. 选择题

EPB 是（　　　）。

A. 安全气囊系统　　　　　　　　　B. 动力转向系统

C. 电控防抱死系统　　　　　　　　D. 电子驻车制动车

2. 判断题

（1）可以利用 EPB 进行行车制动。　　　　　　　　　　　　　　　（　　　）

（2）EPB 是由驻车制动控制电动机直接控制后轮制动卡钳来实现驻车制动的。（　　　）

五、知识拓展

驻车制动系统发展史

汽车驻车制动历史悠久，它随着汽车工业的变革也在不断的变革。从最初的机械驻车制动到脚踏式驻车制动，然后脚踏式驻车制动再到电子驻车制动，又从电子驻车制动升级到目前相对比较先进的 AutoHold。驻车制动的四次变革不仅让操作更为简单，在一定程度上还提高了安全性。

1. 手拉式驻车制动

手拉式驻车制动即用手拉驻车制动器的方式进行制动。驻车制动器一般位于驾驶员右手下垂位置，方便使用，如图 5-4-10 所示。机械驻车制动的成本较低，维护保养和维修的费用相对也比较低，喜欢激烈驾驶的驾驶员是根本无法离开机械驻车制动的。机械驻车制动的缺点是拉、放驻车制动都需要有一定的力气。另外，机械驻车制动还会占车内一部分的空间。

图 5-4-10　手拉式驻车制动

2. 脚踏式驻车制动

由于机械驻车制动需要不小的力气，并且比较占用空间，为此一些厂商就将手拉式驻车制动变成了脚踏式驻车制动，这也是汽车手拉式驻车制动的第一次变革。脚踏式驻车制动即用踩制动踏板的方式进行制动，常出现在 B 级车型上，如图 5-4-11 所示。通常设置在驾驶室左下方，这样不仅不会占据车内空间，也比较容易操作。

图 5-4-11　脚踏式驻车制动

3. 电子式驻车制动

随着汽车技术的发展，电子设备逐渐在汽车上普及，电子驻车制动随之诞生。一个按键就能起动和关闭驻车制动功能。电子驻车制动的出现同时解决了机械驻车制动和脚踏式驻车制动所存在的问题。占用空间小，对力量没有任何要求，但是电子驻车制动的成本相对于机械驻车制动的成本更高，并且维护起来更加困难。电子驻车制动最早是在宝马的 7 系上配置的，2001 年宝马上市的 E65 和 E66 是第一辆配置电子驻车制动的汽车。电子驻车制动虽然已经比较先进了，但是也存在一些问题，往往会继续搭载更加智能的自动驻车功能，这个功能是对电子驻车制动的辅助和补充。

长久以来电子驻车制动系统（EPB）依然是外资品牌占据主导地位，国内电子驻车制动器（EPB）相对起步较晚。近几年，国内 EPB 电子驻车制动系统厂商的奋起直追，技术差距逐步缩小，整个 EPB 市场竞争格局正在悄然变化，国内供应商呈现出崛起之势。

任务 5-5　检测制动能量回收系统

学习目标

知识目标：掌握制动能量回收系统的功能与组成。
理解制动能量回收系统的工作原理。
熟悉制动能量回收系统常见故障诊断流程。

能力目标：能向客户介绍制动能量回收系统功能及工作原理。
能对制动能量回收系统故障进行分析并检测。

素养目标：树立安全生产意识和自主学习意识。
培养爱国主义精神和团队协作精神。
严格执行检测制动能量回收系统操作规范，养成严谨细致的工作习惯。

🎯**思政育人**

通过国内外再生制动系统发展现状对比，激励学生要有全球战略眼光，向国外先进技术学习，了解我国先进技术，树立科技自信和爱国主义精神。

一、任务引入

一辆吉利 EV450 汽车，踩下制动踏板的同时按下一键起动开关后，驾驶员操作驾驶模式开关按钮，发现仪表盘上制动能量回收等级不显示，驾驶模式也不显示，请根据此故障现象，采集相关数据信息，进行分析与检测。

二、知识链接

能量管理回收
系统功用

1. 制动能量回收系统的功能

1）功能

电动车诞生以来，续驶里程短是制约电动汽车普及与发展的关键因素，再生制动能量回收技术是提高电动汽车续驶里程的有效手段。制动能量回收系统（Braking Energy Recovery System）也称回馈制动或能量再生制动，是指新能源汽车在减速制动（或者下坡）时将汽车的部分动能转化为电能，并将电能储存在储存装置（如各种蓄电池、超级电容和超高速飞轮）中，以达到增加新能源汽车的续驶里程的目的，如图 5-5-1 所示。

图 5-5-1　制动能量回收系统

2）再生制动分析

一般而言，当电动汽车减速、在公路上放松加速踏板巡航或踩下制动踏板停车时，再生制动系统起动。正常减速时，再生制动的力矩通常保持在最大负荷状态；电动汽车高速巡航时，其驱动电机一般是在恒功率状态下运行，驱动力矩与驱动电机的转速或者车辆速度成反比。因此，恒功率下驱动电机的转速越高，再生制动的能力就越低。另一方面，当踩下制动踏板时，驱动电机通常运行在低速状态。由于在低速时，电动汽车的动能不足以为驱动电机提供能量来产生最大的制动力矩，因而再生制动能力也就会随着车速降低而减小。

如图 5-5-2 所示，电动汽车的再生制动力矩通常不能像传统燃油车中的制动系统一样提供足够的制动减速度，所以，在电动汽车中，再生制动和液压制动系统通常共同存在，称为混合制动。为了尽可能多的回收能量，设计上只有当再生制动已经达到了最大制动能力而且还不能满足制动要求时，液压制动才起作用。

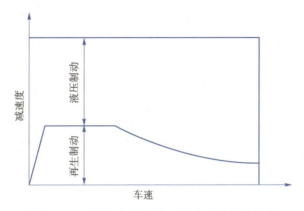

图 5-5-2　混合制动比例与减速度和车速的关系

2. 制动能量回收方法

根据储能机理不同，电动汽车制动能量回收的方法也不同，主要有 3 种：飞轮储能、液压储能和电化学储能。

（1）飞轮储能是利用高速旋转的飞轮来储存和释放能量，其能量回收系统原理图如图 5-5-3 所示，主要由飞轮、无级变速器构成，一般在公交汽车上使用。当汽车制动或减速时，先将汽车在制动或减速过程中的动能转换成飞轮高速旋转的动能；当汽车再次起动或加速时，高速旋转的飞轮又将存储的动能通过传动装置转化为汽车行驶的驱动力。

图 5-5-3　飞轮储能式制动能量回收原理图

（2）液压储能式制动能量回收系统原理图如图 5-5-4 所示，主要由液压泵/液压马达、蓄能器组成，一般在工程机械或大型车辆上使用。它先将汽车在制动或减速过程中的动能转换成液压能，并将液压能储存在液压储能器中；当汽车再次起动或加速时，储能系统又将储

能器中的液压能以机械能的形式反作用于汽车，以增加汽车的驱动力。

图5-5-4　液压储能式制动能量回收系统原理图

（3）电化学储能式制动能量回收系统原理图如图5-5-5所示，主要由发电机、电动机和蓄电池或超级电容组成，一般在电动汽车上使用。它先将汽车在制动或减速过程中的动能，通过发电机转化为电能并以化学能的形式储存在储能器中；当汽车再次起动或加速时，再将储能器中的化学能通过电动机转化为汽车行驶的动能。储能器可采用动力电池或超级电容，由发电机/电动机实现机械能和电能之间的转换。系统还包括一个控制单元，用来控制蓄电池或超级电容的充放电状态，并保证蓄电池的剩余电量在规定的范围内。电动汽车一般采用这种形式实现再生制动能量回收，采用的办法是在制动或减速时将驱动电机转化为发电机。

图5-5-5　电化学储能式制动能量回收系统原理图

3. 制动能量回收系统的组成

电动汽车制动能量回收系统主要由两部分组成：电机再生制动部分和传统液压摩擦制动部分，可以称为机电复合制动系统。电动汽车的制动系统组成：双回路液压制动系统、电动真空助力和电机再生制动。电动汽车的制动助力采用电动真空助力，保证踏板力符合习惯大小，同时具有一定的制动脚感。制动过程中，制动控制器根据制动踏板的开度（实际为主缸压力），判断整车的制动强度，确定相应的摩擦制动和再生制动的分配关系。如只在前轮上进行制动能量回收，前轮上的总制动力矩大小等于电机产生的再生制动力矩与机械制动系统产生的摩擦制动力矩之和。

再生制动系统的结构与原理如图5-5-6所示，电动汽车的制动过程是由液压摩擦制动与电机再生制动协调作用完成的，由驱动轮、主减速器、变速器、电动机、AC/DC转换器、DC/DC转换器、能量储存系统及控制器组成。

汽车在制动或滑行过程中，根据驾驶员的制动意图，由制动控制器计算得到汽车需要的总制动力，再根据一定的制动力分配控制策略得到电动机应该提供的电动机再生制动力，电动机控制器计算需要的电动机电枢中的制动电流，通过一定的控制方法使电动机跟踪需要的制动电流，从而较准确地提供再生制动力矩，在电动机的电枢中产生的电流经AC/DC整流再经DC/DC控制器反充到储能装置中保存起来。

在城市循环工况下，汽车的平均车速较低，负荷率起伏变化大，需要频繁地起动和制

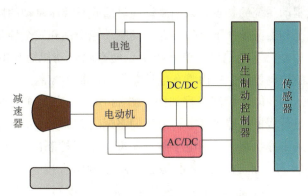

图 5-5-6　再生制动系统的结构与原理

动，汽车制动过程中以热能方式消耗到空气中的能量占驱动总能量的 50% 左右。如果可以将该部分损失的能量加以回收利用，汽车的续驶里程将会得到很大提高，具有制动能量回收系统的电动汽车，一次充电续驶里程至少可以增加 10%～30%。

4. 制动能量回收系统的工作原理

制动能量回收的工作原理：制动踏板提供制动信号，信号传递到整车电控单元，整车电控单元根据车辆运行状况及其他电控单元的状态，决定是否进行制动能量回收，并分配制动能量回收时辅助制动力矩的大小。车辆在高速滑行或下坡滑行时，具有极大的动能，许多情况下驾驶员都会通过踩下制动踏板对车辆实现机械制动，达到缩短滑行距离或限制车速的目的，但这部分动能以热量的形式散失了，采用图 5-5-7 所示的方式可实现车辆处于滑行状态时减速能量的回收。

能量管理与回收系统基本原理

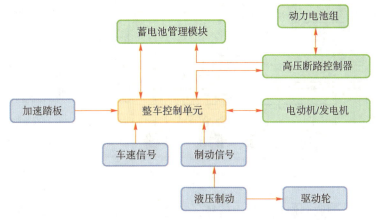

图 5-5-7　电动汽车制动能量回收系统的工作原理示意图

5. 典型的制动能量回收系统

1）丰田混合动力车的制动能量回收系统

丰田混合动力车制动能量回收系统是由原内燃机车型的液压制动器与电机、逆变器、电控单元（包括动力蓄电池电控单元、电机电控单元和能量回收电控单元）组成的。

丰田的能量回收制动系统的特点是采用制动能量回收与液压制动的协调控制，其协调制动的原理是在不同路况和工况条件下首先确保车辆制动稳定性和安全性，同时考虑动力蓄电池的再生制动能力（由动力蓄电池电控单元控制）使车轮制动扭矩与电机能量回收制动扭矩之间达到优化目标的协调控制，并由整车电控单元实施集中控制。

丰田混动汽车液压制动能量控制过程如图5-5-8所示。当驾驶员踩制动踏板，则按照制动踏板力大小，通过行程模拟器等部分，液压伺服制动系统实时进入相应工作，同时制动能量回收系统也将进入工作状态，采用电子线控制动的电子控制制动器（ECB）。在电子控制制动器中，制动踏板与车轮制动分泵不是通过液压管路直接连接，而是通过电控单元（ECU）向液压能量供给源发出相应指令，使对应于制动能量回收制动强度的液压传递到相应车轮制动分泵。因此，制动能量回收制动与液压制动之和达到与制动踏板行程量相对应的制动力值，从而改善驾驶员制动操作时路感。

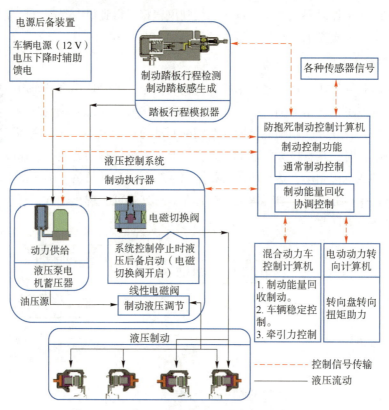

图5-5-8　丰田混动汽车液压制动能量控制过程

制动能量回收控制收到制动踏板力信号，经过制动主缸与行程模拟器输入部，进入液压控制部（包括液压泵电机、蓄压器）的液压机构，再经过制动液压调节传递到车轮制动轮缸，同时该液压信号如果系统发生故障停止时，液压紧急起动，电磁切换阀开启，即又通过电磁阀切换，传递到车轮制动轮缸。

2）吉利纯电动汽车的制动能量回收系统

吉利EV450车型制动能量回收系统集成在电子车身稳定系统ESC中，在满足整车稳定的前提下，踩制动踏板制动时，进行电机制动力矩输出控制，进而回收制动能量。制动能量回收系统可以通过装备在仪表中部的驾驶模式开关进行调节，调节等级分别为弱、中、强，并在仪表中显示当前等级，系统将根据驾驶员调整的回收能量程度等级，在减速制动、滑行等工况进行制动能量回收。系统默认为自动开启状态，当驾驶员需要减速踩制动时，制动能量回收系统会控制电机进行制动能量回收，电机制动力矩与液压制动力矩直接叠加，在减速度 $0.2\ g$ 时可达到 65% 的电机制动比率，整车制动能量回收率约为 9%。系统监测到制动能量回收系统失效时，仪表上黄色 ESC 故障灯会点亮。

吉利 EV450 车型驾驶模式开关集成了制动能量回收系统操作开关（图 5-5-9）和驾驶模式选择（驾驶模式有 ECO、NORMAL 和 ECO+三种），制动能量回收等级为三级（弱、中、强），可以通过旋钮进行选择，向左旋转制动能量回收等级减弱，向右旋转制动能量回收等级增强。按下旋钮上的按键可直接切换至中挡。

图 5-5-9　制动能量回收系统调节操作开关

吉利 EV450 车型制动能量回收系统操作开关电路如图 5-5-10 所示，通过室内熔丝盒内熔丝 IF06（10 A）和 IF24（7.5 A）对驾驶模式开关提供常电和 IG1 电，插接器 IP100 的 2 号和 5 号端子经 G31 搭铁，经插接器 IP100 的 10 号端子至背光亮度调节开关，驾驶模式调整信息和制动能量回收等级调整信息通过插接器 IP100 的 4 号和 3 号端子经 P-CAN 与电机控制器、仪表、电池管理系统等控制单元进行通信。

三、任务实施

1. 实施准备

检测制动能量回收系统需要的具体材料如下：

（1）学材、教材：新能源汽车底盘技术学材、维修手册。

（2）实训设备：配备制动能量回收系统新能源汽车、举升机、组合工具、教学台架、车内外三件套、绝缘防护装备。

实训前提示安全注意事项：注意人身安全，防止机件碰伤身体。

2. 实施内容

（1）根据实训室车辆配置，学生分组查找制动能量回收系统元件位置。

（2）确认故障现象。

打开起动开关，操作制动能量回收操作按钮，观察车辆仪表是否可以正常显示，观察驾驶模式开关背景灯是否正常点亮。

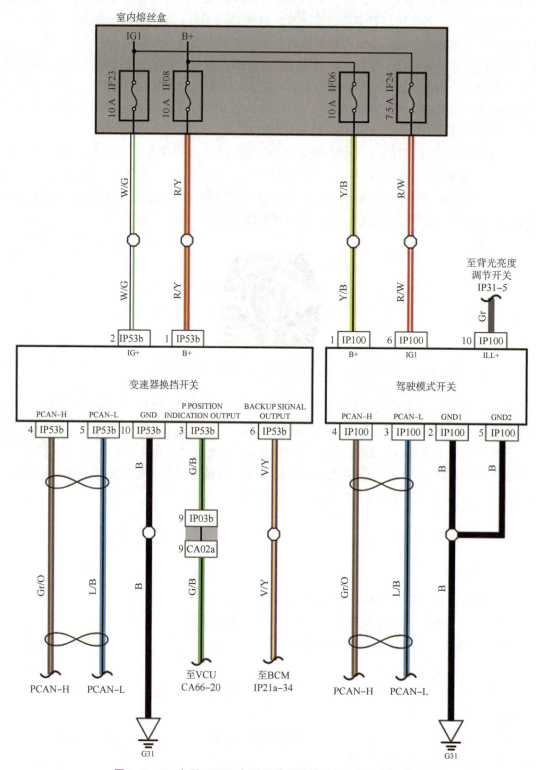

图 5-5-10　吉利 EV450 车型制动能量回收系统操作开关电路

（3）执行高压断电作业。

关闭起动开关，断开蓄电池负极，并可靠放置，等待 5 min 以上，对高压电容器进行放电，断开直流母线，使用万用表验电，确保母线电压小于 50 V。

（4）利用故障诊断仪诊断故障。

测量蓄电池电压为正常后，连接故障诊断仪，打开起动开关进入车辆诊断系统，读取整车数据后，进入相关控制模块，读取故障码与数据流。车辆下电后，清除故障码，再次上电后，使用故障诊断仪再次读取故障码，判断驾驶模式开关状态，查看相关电路图，分析故障原因。

（5）故障检测。

①检测驾驶模式开关熔丝线路；

②检测驾驶模式开关插接器线路；

③检测驾驶模式开关导通性。

（6）复位工作。

（7）总结制动能量回收系统各组件安装位置及故障诊断思路，完成实训工单并上交。

四、思考与练习

1. 选择题

（1）具有再生制动能量回收系统的电动汽车，一次充电续驶里程可以增加（　　　）。

A. 5%～15%　　　　　B. 10%～30%　　　　　C. 30%～40%　　　　　D. 40%～50%

（2）根据再生制动原理，该系统回收的能量主要是汽车的（　　　）。

A. 势能　　　　　B. 动能　　　　　C. 化学能　　　　　D. 摩擦能

2. 判断题

再生制动是电动汽车所独有的。在减速制动（制动或下坡）时将车辆的部分动能转化为电能并储存起来，为汽车行驶提供必要的功率和能量，从而实现能量的循环利用，并也提供一定的力矩用于制动。　　　　　　　　　　　　　　　　　　　　　　（　　　）

五、知识拓展

再生制动系统发展史

再生制动能量回收系统最开始应用在火车上，后来应用在汽车上，早期主要是在传统汽车上使用，利用液压和飞轮的储能机构，能量回收效率低。后来随着电动汽车技术的发展，电机能源转化效率高，电池储能效率高，再生制动系统开始快速发展，并成为电动汽车上的重要组成部分。

20 世纪 70 年代，美国威斯康星大学经过数年研究，成功研制出液压式、飞轮式和蓄电池式三种制动能量再生系统。1979 年，丹麦学者在福特公司生产的 EscortVan 汽车上成功设计制造出液压储能式制动能量回收系统，使汽车燃料消耗量降低到原来的 70%。1984 年，瑞典沃尔沃公司在重达 16 t 的客车上装备了飞轮式储能装置，该装置的动力传递方式为液压

传动式，制动能量回收实验表明节省燃料可达 15% ~ 20.5%。日本丰田公司于 1997 年推出了具有再生制动功能的混合动力轿车普锐斯，这款轿车制动的惯性能量能够通过再生制动得到回收，回收的能量能提供汽车 5% ~ 23% 的驱动力，并提高了轿车 10% 左右的燃油经济性。本田汽车公司也紧随其后，于 1999 年开发了混合动力汽车 Insight，提出了采用双制动力分配系数控制再生制动系统，试验结果表明，该车实现了高效的制动能量回收。美国福特公司也推出了混合力汽车 Escape，该车采用了线控再生制动系统，线控系统取代了传统的机械液压制动系统，把驾驶员的制动踏板信号操作转变为电信号，通过驱动电机实现所需操作，实验证明该车制动能量回收率及制动时方向稳定性均有较大提高。

国内的再生制动技术起步较晚。国内研究机构与高校都对再生制动系统进行了相关研究，并取得了一定进展。1997 年，由青岛大学和中国重汽公司联合研发的使用飞轮储能式蓄能器的 ZK141A 型公共汽车，燃油经济性得到明显的改善，可节省 35.1% 的燃料。长安大学学者等通过对电动汽车制动电气再生与机械摩擦联合制动特性进行了重点分析，提出了主辅电源能量回馈系统，使再生制动系统可同时实现升降压功能，实现回收能量对主辅电源充电。西安交通大学学者对电动汽车再生制动辅助电源系统及其再生充电系统进行详细研究，在 XJTUEV-2 电动车能量回收系统上应用了现代控制理论最新方法，有效地提高了能量回收效率，达到了很好的节能效果。

比亚迪汽车公司在电动汽车再生制动技术方面的研究处于国内领先地位，其自主生产的 F3DM 混合动力汽车和 e6 纯电动汽车（图 5-5-11）实现了电动汽车民用化，这两款汽车都具有再生制动功能，F3DM 带有两个电动机，可以在汽车需要大动力情况下为汽车提供动力，在制动时提供再生制动力。

图 5-5-11　比亚迪 e6 纯电动汽车

项目六　新能源汽车底盘线控技术

　项目描述

　　随着汽车工业和汽车电子技术的快速发展，现代汽车电子控制技术正在取代汽车传统的机械装置。汽车线控系统彻底摆脱了传统机械连接装置，便于实现和其他系统的集成，汽车传统的操纵机构、操纵方式和执行机构也将会发生根本性的变革。本项目介绍新能源汽车底盘电控新技术的主要特点、应用与工作原理。

　　任务6-1　汽车底盘线控技术的应用认知

　　任务6-2　汽车底盘线控系统基本结构与控制原理认知

任务6-1　汽车底盘线控技术的应用认知

◎学习目标

　　知识目标：掌握汽车底盘线控技术的含义及特点。

　　　　　　　　熟悉汽车线控底盘技术的发展。

　　　　　　　　了解汽车底盘线控技术的应用。

　　能力目标：能向客户介绍汽车底盘线控技术的特点及关键技术。

　　　　　　　　能绘制线控技术基本原理图。

　　素养目标：树立合作意识和主动学习意识。

　　　　　　　　培养工匠精神和奋斗精神。

　　　　　　　　培养沟通能力和独立解决问题能力。

通过拓展介绍大国工匠唐跃辉，培养学生勤奋进取、立足岗位、奋力拼搏和潜心钻研的大国工匠精神。

一、任务引入

伴随着整车电动化、智能化程度的加深，对汽车底盘智能化程度、响应速度、控制精度的需求不断提升，底盘线控技术能够实现对整车动力输出的主动控制，是实现高阶智能驾驶的基础。汽车线控技术的由来和未来发展是怎样的呢？

二、知识链接

1. 线控技术

线控技术（X-By-Wire）源于美国国家航空航天局（National Aeronautics and Space Administration，NASA）1972 年推出的线控飞行技术（Fly-by-Wire）飞机。其中，"X"就像数学方程中的未知数，代表汽车中传统上由机械或液压控制的各个部件及相关的操作。这种控制方式应用到汽车驾驶上，就是 Drive-by-Wire；应用到汽车制动上，就是 Brake-by-Wire；应用到汽车转向上，就是 Steer-by-Wire。飞机的控制系统是一种线传控制系统，它将飞行员的操纵命令转化成电信号通过控制器控制飞机飞行。

1）什么是线控技术

传统的汽车操纵方式：驾驶员踩制动/加速踏板、换挡、打转向盘时，动作通过机械连接装置传递，操纵执行机构动作。线控技术是将驾驶员的操作动作经过传感器转变成电信号来实现传递控制，替代传统机械系统或者液压系统，并由电信号直接控制执行机构以实现控制目的，基本原理如图 6-1-1 所示。

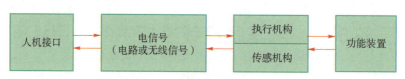

图 6-1-1　线控技术基本原理示意图

2）线控技术的关键

（1）传感器技术。

汽车上的传感器的种类非常丰富，主要有节气门位置传感器、空气流量计、冷却液温度传感器、氧传感器、压力传感器、车速传感器、转速传感器、踏板位置传感器、转向盘位置传感器、温度传感器等。

（2）容错控制技术。

为了提高汽车可靠性和安全性，汽车线控系统必须采取容错控制，容错控制技术包括主动容错和被动容错。被动容错控制主要针对预先设定的故障类型发挥作用，对未知故障的控制性能效果欠佳。随着故障诊断技术的发展，主动容错控制发挥了越来越重要的作用。主动容错控制对发生的故障能够进行主动处理，在故障发生后根据故障情况对控制器的参数重新调整，甚至改变结构。容错控制原理：系统收集来自执行器、被控对象和传感器传来的故障信息，进行故障检测然后把检测的结果传输到容错控制器，然后由容错控制器对控制系统进行修正，故障元件的功能由其他元件完全或部分代替，使系统具有基本性能或保持设定性能，如图 6-1-2 所示。

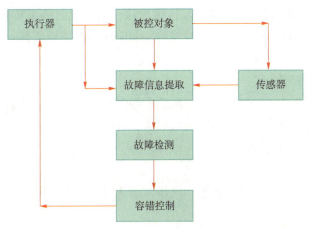

图 6-1-2　容错控制原理图

（3）汽车网络技术。

汽车网络技术从 20 世纪 80 年代提出以来，迄今为止，已形成了多种网络标准。目前存在的多种汽车网络标准，其侧重的功能有所不同。线控技术要求数据传输网络具有较高的传输速度、良好的实时性、稳定的可靠性，同时具有冗余功能。

（4）汽车电源技术。

在功率一定时，电压越高，电流越小，传输过程中的损失的能量越小，电源系统越有效。随着汽车电器数量的增多使汽车电源从 14 V 供电系统向 42 V 供电系统转化已经成为必然趋势。汽车 42 V 电源实际上是由 36 V 蓄电池和 42 V 交流/直流发电机组成的，与传统12 V 供电系统相比，传输同样的功率只需要 1/3 的电流，极大地降低了负载的电流和能量的损耗，另外 42 V 系统可以将功率提升到 8 kW，极大地提高了带负载的能力。

2. 线控底盘技术的发展

汽车底盘从机械化—电控化—线控化演变，线控底盘在电动化基础上发展而来。1980年以前，汽车底盘以机械、液压助力为主；1980 年以后，伴随线控节气门、电控空气悬架的量产，汽车底盘逐步向电控化发展；2000 年以来，随着电机技术的进步，以 EPS、电动泵、ESP 等电子电气组件为代表的电动底盘部件得到了快速应用和发展，底盘持续由机械向电动转变；2013 年，随着博世线控制动产品（i-Booster）的量产，线控制动迎来里程碑式突破，LDW、LKA、APA、AEB 等自动辅助驾驶系统也顺应整车智能化程度提升实现快速增长，底盘电控化进程实现更进一步。

汽车电子技术的快速发展推动了汽车智能化的脚步和线控底盘技术的成熟。从已经较成

熟的线控节气门，到市场渗透率仍然较低的线控转向，再到还在研究阶段的线控制动，线控底盘技术正在不断发展，线控底盘的发展将与自动驾驶汽车的技术进步紧密结合。伴随整车电子电气架构的集成化升级，对于底盘系统集成化的要求越来越高，底盘控制器将作为整车"小脑"，进行多执行系统的协同控制。汽车底盘也将由子系统线控化向整个底盘全线控进化，线控底盘系统电动化、智能化、集成化、轻量化、协同化将成为重要发展趋势。

3. 线控底盘技术的特点

线控系统取消了传统的气动、液压及机械连接，取而代之的是传感器、控制单元及电磁执行机构，所以具有结构简单、响应快、维护费用低、安全舒适、节能环保等优点。

线控底盘技术的优点

（1）结构简单、轻便。

取消了许多机械、液压、气压装置，降低零部件复杂性，简化了结构和生产工艺，结构紧凑、质量轻，提供了设计空间，便于实现加速、转向、制动等过程的个性化驾驶特性。操作更加便捷、驾驶员控制更为精确。

（2）响应速度快、工作效率高。

用电子设备和线束取代机械、液压和气压传动装置，相应速度更快。

（3）维护费用低。

取消机械、液压和气压传动装置，减少磨损部件，简化维护，生产制造更加简单，节约生产成本和开发周期。

（4）控制精确，安全性与舒适性好。

不用直接操作机械部件，可以取消脚踏板、转向盘和转向柱等部件，节省了大量的空间，提高行驶的安全性和舒适性，便于底盘布置，也有利于实现模块化的底盘设计。

（5）节能环保。

系统没有制动液、转向助力油等，无液体泄漏问题，减轻了汽车的整备质量，降低了汽车的能源消耗。利用电能，采用电机驱动装置，虽然线控系统的优点较多，但也存在不足之处。纯机械式控制虽然效率低，但可靠性高；线控技术虽然适用于自动驾驶，但也面临电子软件故障所带来的隐患。电子设备可靠性欠佳，电磁干扰、传感器失效、软件程序不稳定等因素易使系统发生故障，故需要自诊断、容错控制等技术，只有实现功能上的双重甚至多重冗余，才能保证在某一部件出现故障时仍可实现其基本功能，汽车仍然可以安全行驶。

4. 线控底盘技术的应用

目前很多汽车都采用电（线）控操纵控制，下面介绍汽车线控技术的典型应用。汽车线控底盘技术主要包括线控转向技术、线控制动技术、线控驱动技术、线控换挡技术和线控悬架技术等。其中，线控转向和线控制动是汽车底盘线控技术的关键技术。

1）线控转向系统

汽车的转向系统经历了机械转向系统、液压助力转向系统、电控液压助力转向系统、电动助力转向系统的发展过程，随着线控技术的发展，线控转向技术也逐渐出现在汽车的转向系统中。针对线控转向系统的研究，国外起步相对较早。著名汽车公司和汽车零部件厂家，如美国 Delphi 公司、天合 TRW 公司，日本三菱公司，德国博世公司、ZF 公司、宝马公司等都相继在研制各自的 SBW 系统。TRW 公司最早提出用控制信号代替转向盘和转向轮之间的机械连接。但受制于电子控制技术，直到 20 世纪 90 年代，线控转向技术才有较大进展。最早将线控转向技术应用到量产车型的是英菲尼迪 Q50，如图 6-1-3 所示。

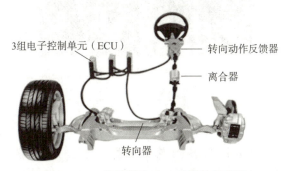

图 6-1-3　英菲尼迪 Q50 线控转向系统

　　国内企业对线控汽车的研究起步相对较晚，与国外差距较大，各高校对线控系统的研究主要以理论为主。2004 年，同济大学在上海国际工业博览会上展示了配备线控转向系统的四轮独立驱动微型电动车"春晖三号"，如图 6-1-4 所示。

图 6-1-4　微型电动车"春晖三号"

　　2）线控制动系统

　　线控制动系统（Brake By Wire，BBW），为实现自主停车提供了良好的硬件基础，是实现高级自动驾驶的关键部件之一。它是将原有的制动踏板机械信号通过改装转变为电控信号，通过加速踏板位置传感器接收驾驶员的制动意图，产生制动电控信号并传递给控制系统和执行机构，并根据一定的算法模拟踩踏感觉反馈给驾驶员。线控制动系统已广泛应用于赛车运动。一级方程式赛车从 2014 年起就搭载了线控制动技术，现在技术已经非常成熟，确保汽车连贯的制动和更灵活的调整，如图 6-1-5 所示。除此之外，早期的宝马 M3 曾经采用过线控制动系统。目前，该系统主要是在一些混合动力车型上搭载，例如丰田普锐斯，还有通用、福特和本田的混合动力车等。奥迪最新推出的 E-tron 是首款采用线控制动技术的纯电动汽车，虽然仍然采用电动液压制动，但技术上也有所突破。

图 6-1-5　线控制动技术应用于赛车运动

3）线控驱动系统

线控驱动系统（Drive By Wire，DBW）也称为线控节气门或者线控油门（Throttle by Wire），在燃油车和新能源汽车上已经属于标准配置，它是智能网联汽车实现的必要关键技术，为智能网联汽车实现自主行驶提供了良好的硬件基础。例如，定速巡航这个基础辅助驾驶功能即是线控节气门的基础应用，凡是具有定速巡航功能的车辆都配备有线控节气门。线控节气门的基本组成如图 6-1-6 所示。发动机通过线束代替拉索或者拉杆，在节气门侧安装驱动电动机带动节气门改变开度，根据汽车的各种行驶信息，精确调节进入气缸的油气混合物，改善发动机的燃烧状况，大大提高了汽车的动力性和经济性。而且，线控驱动系统可以使汽车更为便捷地实现定速巡航、自适应巡航等功能。

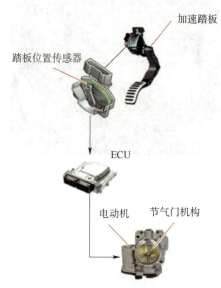

图 6-1-6　线控节气门的基本组成

4）线控换挡系统

线控换挡系统（Shift By Wire，SBW），线控换挡也是在燃油车时代就已经成为成熟配置。它是将现有的挡位与变速器之间的机械连接结构完全取消，通过电动执行控制变速器动作的电子系统，线控换挡系统取代了传统的挡位操作模式，通过旋钮、按键等新式交互件电子控制车辆换挡，为智能网联汽车实现速度控制提供良好的硬件基础，也称为电子换挡。在新能源汽车时代，与传统燃油车自动挡相比，由于只有单速变速器，电动汽车使用线控换挡更为简洁，特斯拉甚至推出了无换挡操作装置。

宝马汽车公司最早引入了线控换挡系统与其 MDKG 七前速双离合器变速器相搭配，使驾驶员换挡的动作变得简单、轻松，而且不会出现驻车 P 挡的卡滞问题，被广泛应用于宝马集团的全系列车型，其变速杆形式如图 6-1-7 所示，丰田混动汽车和奥迪 Q7 也采用线控换挡系统，但它们结构和控制逻辑不同。

图 6-1-7　宝马线控换挡系统变速杆

5）线控悬架系统

线控悬架系统（Suspension By Wire），也称为主动悬架系统，是智能网联车辆的重要组成部分，可实现缓冲振动、保持平稳行驶的功能，直接影响车辆操控性能以及驾乘感受国内的中高端定位和智能汽车属性的电动汽车品牌，都基本配置或选装了空气悬架，也逐渐成为高端新能源品牌的基础配置之一。

1980 年，BOSE 公司成功研发了一款电磁主动悬架系统。1984 年，电控空气悬架开始出现，林肯汽车成为第一个采用可调整线控空气悬架系统的汽车。目前，宝马汽车安装的"魔毯"悬架系统，凯迪拉克汽车安装的 MRC 主动电磁悬架系统，以及自适应空气悬架系统，如图 6-1-8 所示，均属于线控悬架系统的不同形式。

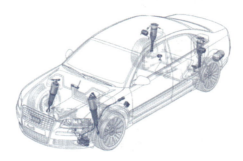

图 6-1-8　电控空气悬架系统在车上的实际安装位置

三、任务实施

1. 实施准备

汽车底盘线控技术的应用认知需要的具体材料如下：

（1）学材、教材：新能源汽车底盘技术学材、维修手册。

（2）实训设备：线控节气门实训台架和解码器等。

实训前提示安全注意事项：注意人身安全，防止机件碰伤身体。

2. 实施内容

（1）车辆线控技术控制原理演示。

线控技术是将驾驶员的操作动作经过传感器转变成电信号来实现传递控制，替代传统机械系统或者液压系统，并由电信号直接控制执行机构以实现控制目的。

（2）学生分组绘制线控技术基本原理图。

（3）线控节气门系统组件识别。

线控节气门系统主要由加速踏板、踏板位移传感器、ECU、数据总线、伺服电动机和节气门执行机构组成，如图6-1-6所示。

控制原理：踏板位移传感器安装在加速踏板内部，随时监测加速踏板的位置。当监测到加速踏板高度位置发生变化时，会瞬间将此信息传送至ECU，ECU对该信息其他系统传来的数据信息进行运算处理，计算出一个控制信号，通过线路送到伺服电动机继电器，伺服电动机驱动节气门执行机构，实现节气门控制。

（4）分组确认车辆，验证线控节气门系统的工作情况。

①车辆防护。安装车轮挡块、车内外三件套，确认换挡杆置于空挡，驻车制动器操纵杆拉起。打开前机舱盖，安装车外三件套。

②起动汽车，使汽车处于怠速状态。

③由于节气门在发动机内部不容易观察，所以通过解码器实时读取发动机的相关参数来验证节气门的改变。

④将解码器连接到汽车诊断接口上，读取当前的发动机相关参数，记录到实训工单上。

⑤学生轻踩加速踏板，使其处于一定位置后，再次读取相关参数记录到实训工单上。

⑥通过数据的对比来验证节气门的改变情况完成本次实训。

（5）复位工作。

（6）总结线控技术基本原理，完成后上交实训工单。

四、思考与练习

1. 选择题

（多选题）（　　）成为线控底盘技术发展趋势。

A. 标准化　　　　　B. 模块化　　　　　C. 集成化　　　　　D. 协同化

2. 判断题

（1）线控底盘主要包括线控制动、线控转向、线控驱动、线控换挡、线控悬挂。

（　　）

（2）汽车底盘线控技术的关键是线控制动系统和线控转向系统。　　（　　）

五、知识拓展

新能源汽车行业的大国工匠——唐跃辉

唐跃辉，重庆长安新能源汽车科技有限公司高级技师、高级工程师，中国兵器装备集团公司技能带头人，享受国务院政府特殊津贴专家，如图6-1-9所示。

图6-1-9　唐跃辉检测汽车性能

从江陵机器厂技工学校学生，到长安汽车发动机工厂质量处工人，再到长安汽车工程研究总院试验所工人、重庆长安新能源汽车有限公司工人、重庆长安新能源汽车科技有限公司工人……唐跃辉总是以"工人"自居。

1992年从江陵机器厂技工学校毕业后，唐跃辉进入长安汽车成为137车间一名普通的技术工人。他清楚自己必须脚踏实地，一步一个脚印勤奋进取，不断提升自己。正所谓"天道酬勤"，2005年依托充足的知识储备和工作经验，唐跃辉进入长安汽车工程研究院试验所，开展整车相关试验验证工作。2009年至今，唐跃辉带领团队在长安CAPDS基础上，以"三横五纵"为思路，建立了"长安新能源汽车零部件试验验证体系"和"竞品对标体系"，包含零部件级、系统级、整车级试验项目共2 380项，产品对标项目740项。通过多年性能试验经验积累，唐跃辉与团队一起提出中混合动力系统可靠性交变负荷试验循环工况，被行业标准《轻型混合动力电动汽车用动力单元（ISG型）可靠性试验方法》所采用，成功推广到整个混合动力汽车行业中。

凭借对事业的执着与坚持，公司委以重任，由唐跃辉统筹长安汽车技能培训及职业技能鉴定工作。他历任汽车性能试验工专家组副组长、组长，不负众望，于2013—2014年连续两年获长安汽车优秀考评员，所带领的团队连续三年获长安汽车优秀考评组。他积极开展师带徒的培养模式，其徒弟在长安汽车技术技能运动会汽车性能评价项目中，荣获个人一等奖1人、二等奖2人，同时培养高级技师4名、技师15名；2019年12月悉心培养的2名学徒，荣获中国技能大赛——全国新能源汽车关键技术技能大赛全国三等奖。

近年来，唐跃辉积极践行长安汽车"第三次创新创业""香格里拉"战略计划，于2017年成立唐跃辉劳模创新（技能大师）工作室，组建了一支10人团队。2018年2月发布唐跃辉工作室创新创业计划，同年6月工作室牵头举办国家二级比赛"巴渝工匠杯"新能源汽车维修大赛，12月工作室由重庆市总工会授予"金牌班组"；2019年9月由重庆市总工会授予"巴渝工匠"，同年11月唐跃辉劳模创新（技能大师）工作室被市级相关单位授予

"重庆市市级首席技能大师工作室"，12月由中国人才研究会汽车人才专业委员会授予"新能源汽车产业技能人才转型优秀实践奖"。

唐跃辉坚持深耕细作、潜心钻研，积极承担国家级、省部级重大科研项目的同时，还积极参与国家职业教育改革，担任教育部1+X证书汽车专业专家组专家，建设案例在中央电视台《新闻联播》、重庆电视台等国家及省市主流媒体宣传报道，并积极投身国家脱贫攻坚战，参与教育精准扶贫项目，帮扶云南技师学院泸西分院、砚山分院汽车专业建设工作。

尤其在新冠肺炎疫情期间，唐跃辉主动投身两江新区群防群控工作，为重庆市卫生技工学校抗疫一线人员捐款，受到有关部门的表扬；牵头公司复工复产和防疫部署工作，身先士卒，摸排疫情，井然有序分批复工复产，2020年3月3日所在单位率先实现辖区内全员复工复产，零疫情。他和长安汽车人一道，继续行进在打造世界一流汽车企业的征途上，努力为重庆汽车产业的高速发展贡献更多的智慧和力量。

任务 6-2 汽车底盘线控系统基本结构与控制原理认知

学习目标

知识目标：掌握线控底盘五大系统的组成。

熟悉线控底盘的控制原理。

能力目标：能向客户介绍线控底盘的组件及工作原理。

能正确使用检测设备的能力。

素养目标：树立紧跟时代步伐，顺应实践发展理念、自主学习意识和终生学习意识。

培养分析问题和解决问题能力。

思政育人

通过拓展介绍线控电子楔式制动器技术，鼓励学生多关注汽车行业先进技术和热点问题，树立紧跟时代步伐，顺应实践发展理念和终生学习意识。

一、任务引入

未来高阶自动驾驶将基于底盘线控技术来实现。汽车传统机械连接装置将被以电信号驱动的传感器、控制单元及执行机构取代。汽车底盘线控系统是如何在汽车上工作的？

二、知识链接

1. 汽车线控底盘的组成

智能汽车线控底盘主要包括线控转向、线控制动、线控驱动、线控换挡和线控悬架五大系统。线控转向和线控制动是自动驾驶执行端方向最核心的系统，如图 6-2-1 所示。

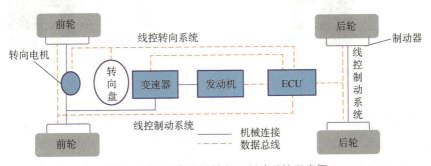

图 6-2-1 汽车线控转向、制动系统示意图

2. 汽车线控底盘的工作原理

智能汽车线控底盘基本原理：通过分布在汽车各处的传感器实时获取驾驶员的操作意图和汽车行驶过程中的各种参数信息，传递给控制器，控制器将这些信息进行分析和处理，得到合适的控制参数传递给各个执行机构，从而实现对汽车的控制，提高车辆的转向性、动力性、制动性和平顺性。

1）线控转向系统

（1）结构。

线控转向系统是在 EPS 上发展起来的，相对于 EPS 具有冗余功能，并能获得比 EPS 更快的响应速度。对于 L3 及以上的自动驾驶汽车来说，部分会脱离驾驶员的操控，因此自动驾驶控制系统对于转向系统等要求控制精确、可靠性高，只有线控转向可以满足要求，因此线控转向系统成为未来的发展趋势。

线控主动转向系统

线控转向系统取消了传统的机械式转向装置，转向器与转向柱间无机械连接。线控转向系统主要由转向盘模块、转向执行模块和 ECU 三个主要部分以及自动防故障系统、电源系统等辅助模块组成，如图 6-2-2 所示。

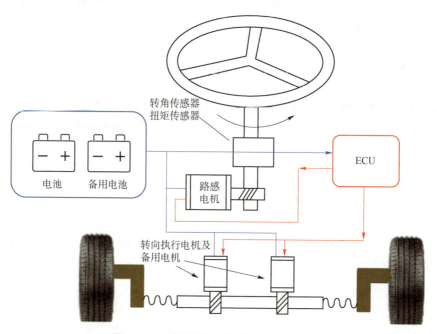

图 6-2-2　线控转向系统结构原理示意图

①转向盘模块包括转向盘、转向盘转角传感器、扭矩电机。其主要功能是将驾驶员的转向意图，通过测量转向盘转角转换成数字信号并传递给主控制器；同时接收 ECU 送来的力矩信号产生转向盘回正力矩，向驾驶员提供相应的路感信号。

②转向执行模块包括转角传感器、转向执行电机、转向电机控制器和前轮转向组件等，其主要功能是接受 ECU 的命令，控制转向执行电机实现要求的前轮转角，完成驾驶员的转

向意图。

③ECU 对采集的信号进行分析处理，判别汽车的运动状态，向扭矩电机和转向执行电机发送命令，控制两个电机的工作，其中转向执行电机完成车辆航向角的控制，扭矩电机模拟产生转向盘回正力矩以保障驾驶员驾驶感受。

④电源系统承担控制器、转向执行电机以及其他车用电机的供电任务，用以保证电网在大负荷下稳定工作。

⑤自动防故障系统是保证在线控转向系统故障时，提供冗余式安全保障。它包括一系列监控和实施算法，针对不同的故障形式和等级做出相应处理，以求最大限度地保持汽车的正常行驶。当检测到 ECU、转向执行电机等关键零部件产生故障时，故障处理 ECU 自动工作，首先发出指令使 ECU 和转向执行电机完全失效，其次紧急起动故障执行电机以保障车辆航向的安全控制。

（2）工作原理。

线控转向系统的工作原理是：当转向盘转动时，转向盘转矩传感器和转向角传感器将测量到的驾驶员转矩和转向盘的转角转变成电信号输入电子控制单元 ECU，ECU 依据车速传感器和安装在转向传动机构上的角位移传感器的信号来控制转矩反馈电动机的旋转方向，并根据转向力模拟生成反馈转矩，同时控制转向电动机的旋转方向、转矩大小和旋转角度，通过机械转向装置控制转向轮的转向位置，使汽车沿着驾驶员期望的轨迹行驶。

2）线控制动系统

根据工作原理的不同，线控制动控制技术分为电子液压制动系统（EHB）和电子机械制动系统（EMB）。

（1）电子液压制动系统。

电子液压制动系统

电子液压制动系统（EHB，Electronic Hydraulic Brake），是从传统的液压制动系统发展来的。EHB 能通过软件集成如 ABS（防抱死制动系统）、ESP（车身电子稳定系统）、TCS（牵引力控制系统）等功能模块，可以进一步提高行车的安全性及舒适性。但与传统制动方式的不同点在于，EHB 以电子元件替代了原有的部分机械元件，将电子系统和液压系统相结合，由电子系统控制、液压系统提供动力，构成一个机电液一体化系统。

EHB 主要由电子踏板、电子控制单元（ECU）、液压执行机构等部分组成。电子踏板是由制动踏板和加速踏板位置传感器组成的。加速踏板位置传感器用于检测踏板行程，然后将位移信号转化成电信号传给 ECU，实现踏板行程和制动力按比例进行调控，如图 6-2-3 所示。

当正常工作时，制动踏板与制动器之间的液压连接断开，备用阀处于关闭状态。ECU 通过传感器信号判断驾驶员的制动意图，并通过电机驱动液压泵进行制动。当电子系统发生故障时，备用阀打开，EHB 变成传统的液压系统。制动踏板输入信号后驱动制动主缸中的制动液通过备用阀流入连接各个车轮制动器的制动轮缸，进入常规的液压系统制动模式，保证车辆制动的必要安全保障。当制动器涉水后，EHB 系统可以通过适当的制动动作，恢复制动器的干燥，保持制动器的工作性能。

（2）电子机械制动系统。

电子机械制动系统（EMB，Electronic Mechanical Brake），基于一种全新的设计理念，完

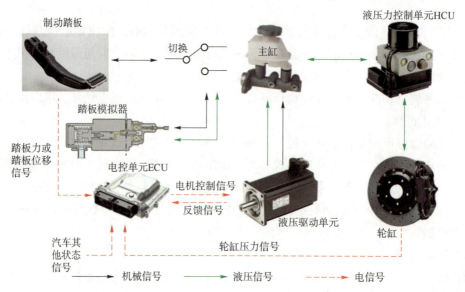

图 6-2-3　电子液压制动系统（EHB）结构原理示意图

全摒弃了传统制动系统的制动液及液压管路等部件，由电机驱动产生制动力，每个车轮上安装一个可以独立工作的电子机械制动器，也称为分布式、干式制动系统。

电子机械制动系统

　　EMB 系统主要由电子机械制动器、ECU 和传感器等组成，如图 6-2-4 所示。EMB 结构极为简单紧凑，制动系统的布置、装配和维修都非常方便，同时由于减少了一些制动零部件，大大减轻了系统的质量，更为显著的优点是随着制动液的取消，使汽车底盘使用、工作及维修环境得到很大程度的改善。

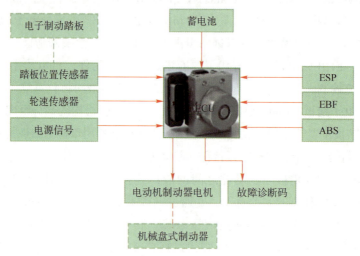

图 6-2-4　电子机械制动系统（EMB）结构原理示意图

　　当电子控制单元接收到制动指令后，向 EMB 伺服电机发出驱动指令，驱动电机通过减速机构和运动转换机构来推动制动块产生制动力。然而，至于 EMB 制动系统的制动能力的大小，EMB 执行电机较大的驱动功率将依赖于将来车载电源网络。

EMB 工作时，制动控制单元 ECU 接收制动踏板传来的踏板行程信号，ECU 计算出踩制动踏板的速度信号并结合车辆速度、加速度等其他电信号，明确汽车行驶状态，分析各个车轮上的制动需求，计算出各个车轮的最佳制动力矩大小后输出对应的控制信号，分别控制各车轮上的电子机械制动器中工作电机的电流大小和转角，通过电子机械制动器中的减速增矩以及运动方向转换，将电机的转动转换为制动钳块的夹紧，产生足够的制动摩擦力矩。

3）线控驱动系统

目前，与智能网联汽车的两种主要类型相匹配，线控驱动系统分为传统汽车线控驱动和电动汽车线控驱动两种类型。配备自适应巡航系统（ACC）、牵引力防滑控制（TCS）和自动泊车（APA）等功能的车上都标配了线控节气门。

线控节气门系统主要由加速踏板、加速踏板位置传感器、ECU、数据总线、伺服电动机和加速踏板执行机构组成。该系统取消了加速踏板和节气门之间的机械结构，通过加速踏板位置传感器检测加速踏板的绝对位移。ECU 计算得到最佳的节气门开度后，输出指令驱动电机控制节气门保持最佳开度，如图 6-2-5 所示。

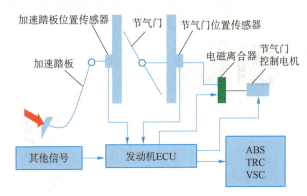

图 6-2-5　混动/燃油汽车线控驱动系统原理示意图

如图 6-2-6 所示电动汽车线控驱动系统控制原理图，由于电动汽车整车控制单元（VCU）的主要功能是通过接收车速信号、加速度信号以及加速踏板位移信号，实现扭矩需求的计算，然后发送转矩指令给电机控制单元，进行电机转矩的控制，所以通过整车控制单元 VCU 的速度控制接口来实现线控驱动控制，并具有制动能量回收功能。当驾驶员减小踏板力时，系统认为驾驶员具有减速的需求，此时通过 VCU 发送指令，在没有踩制动踏板的情况下，车辆实现制动能量回收。

4）线控换挡系统

线控换挡系统主要由换挡操纵机构、换挡 ECU、换挡执行模块、变速器控制 ECU 和挡位指示器等组成。图 6-2-7 所示为丰田混动车型的线控换挡系统的结构原理示意图，由变速杆、驻车开关、混合动力系统 ECU（HV CPU）、变速器控制 ECU、驻车执行器和挡位指示器组成。

人机交互通过换挡操纵杆和驻车开关实现。车辆正常行驶过程中涉及 R、N、D 三个挡位，驾驶员作用于变速杆的动作转换为执行电信号传递给混合动力系统 HV ECU，混合动力

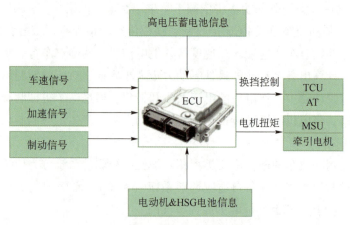

图6-2-6　电动汽车线控驱动系统控制原理图

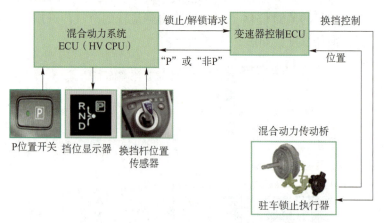

图6-2-7　丰田混动车型的线控换挡系统的结构原理示意图

系统 HV ECU 将采集到的执行电信号经计算传递给变速器控制 ECU，经过变速器控制 ECU 计算后向变速器输出对应的挡位信号，完成车辆行驶挡位的变换，同时仪表盘上的挡位指示器对应挡位信号灯亮起。当驾驶员操控驻车开关时，变速器控制 ECU 通过磁阻式传感器时刻采集驻车执行器电机转角信号以判定车辆是否处于静止状态，若驻车执行器电机转角为 0°则执行驻车动作，仪表盘驻车指示灯亮起；反之，驻车控制 ECU 检测到电机转角信号不为 0°，驻车指令会被驳回到混合动力系统 HV ECU 且无法完成车辆驻车动作。

在该系统中，换挡操作是一种瞬时状态，驾驶员能够轻松舒适地操纵换挡。驾驶员松开变速杆后，变速杆立即返回到初始位置。因此，当驾驶员操纵变速杆换到某个目标挡位时，不需要考虑目前的挡位状态，车辆工作过程中挡位更换完成后，挡位指示器会准确显示当前挡位，使驾驶员意识到完全进行了换挡操作。

由于采用电控系统控制变速器的换挡操作，由各个部件协同工作实现换挡，可以有效地防止人为误操作，增强安全性。若换挡 ECU 检测到不正确的操作时，会将挡位控制在安全的范围内，并且向驾驶员发出警告。

5）线控悬架系统

线控悬架系统主要由空气弹簧、传感器、控制器和执行机构等部分组成，如图6-2-8所示。

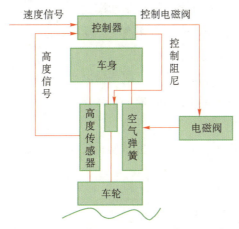

图6-2-8 典型线控悬架系统结构原理示意图

传感器负责采集汽车的行驶路况（主要是颠簸情况）、车速以及起动、加速、转向、制动等工况转变为电信号，经简单处理后传输给线控悬架ECU。其中，主要涉及车辆的加速度传感器、高度传感器、速度传感器和转角传感器等关键传感器。

空气弹簧根据控制器的控制信号，准确、快速、及时地做出反应动作，包括气缸内气体质量、气体压力及电磁阀设定气压等关键参量的改变，实现对车身弹簧刚度、减震器阻尼以及车身高度的调节。线控悬架系统执行机构主要由执行器、阻尼器、电磁阀、步进电动机、气泵电动机等组成。

线控悬架除了传统悬架的功能以外，还可以根据不同的路面条件、不同的载重量、不同的行车速度等行驶状况，调节减震器阻尼、空气弹簧刚度以及车身高度和姿态的控制等主要功能。

三、任务实施

1. 实施准备

汽车底盘线控系统基本结构与控制原理认知需要的具体材料如下：

（1）学材、教材：新能源汽车底盘技术学材、维修手册。

（2）实训设备：无人车线控底盘、示波器。

实训前提示安全注意事项：注意人身安全，防止机件碰伤身体。

2. 实施内容

（1）车辆线控原理演示。

（2）验证线控转向、线控制动和线控驱动系统。

①车辆在正常行驶时，线控实训台开启驱动模式。

②当前方出现动态障碍物时，线控实训台切换至减速模式。

③当前方动态障碍物消失时，线控实训台切换至正常行驶模式。

④前方出现红灯时，线控实训台切换至制动模式。

⑤前方红灯变为绿灯时，线控实训台切换至驱动模式。

（3）检测线控转向系统和线控驱动系统。

①使用示波器进行电机驱动系统检测，记录输出线控信号量。

②转向系统检测并记录线控输出信号量。

（4）复位工作。

（5）总结线控底盘构成及工作原理，完成实训工单并上交。

四、思考与练习

1. 选择题

（1）线控驱动系统主要由（　　）、踏板位移传感器、挡位选择单元、MCU和驱动电机等组成。

A. 制动踏板　　　　B. 加速踏板　　　　C. 离合器　　　　D. 驻车制动器

（2）线控制动系统主要由（　　）、传感器、ECU及执行器等构成。

A. 制动踏板　　　　B. 加速踏板　　　　C. 离合器　　　　D. 驻车制动器

2. 判断题

（1）汽车底盘线控系统利用传感器感知驾驶员的驾驶意图，并将其变换成电信号传送给控制器，控制器控制执行机构工作，实现汽车的转向、制动、驱动等功能。　　（　　）

（2）线控转向系统由转向盘模块、转向执行模块和ECU这3个主要部分以及自动防故障系统、电源等辅助模块组成。　　（　　）

五、知识拓展

线控电子楔式制动器

电子楔式制动器（EWB）使用的是线控技术，它将传统的液压制动装置改为电子控制、电动机驱动的制动元件，制动反应时间比之前的液压制动方式增速较多，可使车辆在冰雪路面上的制动距离缩短15%。

当EWB被驱动时，连接到楔形块的摩擦片在制动钳与制动盘之间被推动，楔形块效应被自动放大为车轮的旋转，从而用很小的力就能产生不同程度的制动力。EWB比现有的液压制动更快，仅仅需要现有能量的1/10就可以制动车辆。

配备EWB的车辆，每一个车轮都配备一个独立的智能制动模块，该模块由摩擦片、楔形块和楔形块轴承、在两个电机和一个传感器系统之间检测运动和力的机械动力传输系统构成。传感器每秒对每一个轮的速度测量100次；对于制动力和楔块位置，测量分辨率更高。

当驾驶员踩制动踏板时，该系统将电子制动信号传输给系统的网络模块。依据传感器信号和所接收的制动信号的强度，电机将楔形块转到需要的位置，该运动由构成若干滚子螺杆传动装置的止推轴承驱动，将摩擦片与制动盘压在一起，如图6-2-9所示。

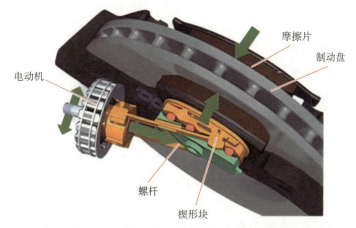

摩擦片
制动盘
电动机
螺杆
楔形块

图6-2-9　线控电子楔式制动器结构示意图

与传统的液压制动相比，EWB在安全性和舒适性方面优势显著。EWB减少的组件包括液压线、制动缸或ABS控制单元等，降低了整个系统的质量，结构简化，提高了制动的可靠性和安全性。取消液压制动系统也有助于减少汽车对环境的影响，不再采用液压油并提高了燃油效率。EWB还能够防止汽车意外滑溜，无须机械驻车制动控制杆，因此EWB可以承担自动泊车的制动作用。线控EWB能够满足未来自动驾驶车身安全、质量、可靠性和安装空间的需求。

参 考 文 献

［1］ 关文达. 汽车构造. ［M］. 3 版. 北京：机械工业出版社，2015.

［2］ 谢金红，毛平. 新能源汽车底盘检修 ［M］. 北京：人民交通出版社，2018.

［3］ 童辉，李国富. 新能源汽车底盘 ［M］. 天津：天津科学技术出版社，2019.

［4］ 任春晖，李颖. 新能源汽车辅助系统检修 ［M］. 北京：机械工业出版社，2019.

［5］ 张毅. 汽车底盘电控系统构造与检修 ［M］. 成都：西南交通大学出版社，2016.

［6］ 张明，杨定风. 汽车底盘电控系统检修 ［M］. 北京：人民邮电出版社，2016.

［7］ 谭小锋，刘威. 汽车底盘电控系统构造原理与检修 ［M］. 北京：机械工业出版社，2017.

［8］ 袁牧，杨效军，王斌. 新能源汽车底盘技术 ［M］. 北京：机械工业出版社，2022.

［9］ 何仁基，周志雄，叶放郎. 智能汽车线控底盘构造与维修 ［M］. 天津：天津科学技术出版社，2021.